QUE SAIS-JE ?

Le Soleil

PIERRE LANTOS

Directeur de Recherche au CNRS

ISBN 2 13 046023 2

Dépôt légal — 1re édition : 1994, mars

108, boulevard Saint-Germain, 75006 Paris

INTRODUCTION

> « Furieux qu'on braconnât dans ses étangs de pêche, le Soleil en confia la surveillance au lézard d'eau, puis au caïman. »
>
> Mythe des indiens Macushi,
> C. Lévi-Strauss, *Du miel aux cendres.*

S'il est un bien commun à tous les peuples et à toutes les époques, c'est le Soleil. Chacun y code sa mythologie. Les scientifiques ont mis au point des rites de dissection, auxquels on ne saurait dénier une certaine efficacité.

L'Astre du jour ne pouvait certainement pas échapper. Tous les outils disponibles sont de fait mis en œuvre pour tenter de comprendre comment les lois de la physique s'appliquent au Soleil. L'étude du Soleil a bénéficié considérablement des progrès, très rapides, des techniques d'observation. Les satellites, en particulier, ont étendu le domaine du spectre observé, ajoutant les rayons gamma et X, l'ultraviolet et l'infrarouge lointains aux longueurs d'onde observables au sol, à l'aide de télescopes optiques et d'instruments de radioastronomie, de telle sorte qu'aujourd'hui tous les domaines de longueurs d'onde sont accessibles. Les ordinateurs sont mis à contribution en permanence depuis le pilotage des instruments et l'acquisition des données jusqu'au test des modèles. Les techniques de laboratoire de physique atomique et nucléaire jouent un rôle important pour déterminer quels phénomènes sont à prendre en compte. Il en est de même de la physique des plasmas (c'est-à-dire des gaz ionisés), que les observations soient faites dans le milieu interplanétaire, dans l'environnement terrestre ou en laboratoire.

Le discours scientifique doit une bonne part de sa créativité à son vocabulaire spécialisé et au formalisme mathématique. Pourtant l'auteur aura tenté d'introduire le minimum possible de vocabulaire technique et se sera refusé toute équation, tout en sachant que ces deux choix l'empêcheront de faire une présentation tout à fait rigoureuse. Dans le même esprit, on tentera d'abord de répondre aux questions les plus simples (quelle est la distance, la masse, l'âge du Soleil ?) et on décrira sa « surface » puis le reste de son atmosphère, assez aisément observable. Après avoir examiné nos connaissances sur l'intérieur du Soleil et sur deux aspects qui lui sont liés, la rotation et le cycle d'activité, on reviendra à l'atmosphère pour examiner l'origine et les caractéristiques des éruptions solaires. Les relations Soleil-Terre pour lesquelles les éruptions jouent un grand rôle et qui, bien sûr, préoccupent certains de mes lecteurs, feront l'objet d'un chapitre. Pour conclure la partie principale du livre, des éléments de réponse à la question : « Quelle est l'origine du Soleil et que deviendra-t-il ? » seront exposés. Au lieu de suivre un plan, plus logique pour le scientifique, partant du noyau central (source de l'énergie solaire) pour remonter vers les couches les plus extérieures (d'où l'énergie s'échappe finalement) nous avons préféré un plan commençant par les aspects les plus simples à appréhender.

Le premier et l'avant-dernier chapitres relèvent plus de la physique stellaire que de la physique solaire proprement dite. La physique solaire est bien sûr extrêmement redevable aux études stellaires et, simultanément, le Soleil reste l'étoile de référence en raison de la finesse des observations que permet sa proximité. L'avant-dernier chapitre fournit l'occasion de montrer combien la physique solaire est liée à toute l'astrophysique et de mentionner quelques sujets non moins passionnants que la physique solaire.

Beaucoup de questions étaient déjà posées au XVIIe siècle et grâce aux observations optiques, de nombreux phénomènes solaires étaient décrits au XIXe, comme nous le verrons au dernier chapitre. Pourtant c'est d'un domaine en évolution rapide dont nous allons essayer de faire le tour. On en prendra pour preuve le renouveau d'intérêt considérable, observé ces dernières années, pour l'intérieur du Soleil, sujet à peine mentionné dans certains ouvrages d'enseignement et d'information scientifique des années 60.

Pour clore cette introduction, on se doit de mettre en garde contre une observation mal préparée du Soleil. Il serait extrêmement dangereux pour la rétine de tenter d'observer directement le Soleil à l'œil nu et, *a fortiori,* avec des jumelles, une lunette astronomique ou un télescope : une projection sur un écran ou l'utilisation de filtres spéciaux est strictement indispensable. L'échauffement des pièces optiques peut aussi endommager les instruments. Une fois prises ces précautions, le Soleil, même observé avec un petit instrument, fournit à l'amateur un domaine dont l'attrait réside en un changement permanent.

Chapitre I

UNE ÉTOILE PARMI D'AUTRES

I. — Qu'est-ce qu'une étoile ?

On admettra aisément que Soleil et étoiles sont des sphères rendues lumineuses par leur température élevée. Eliminons avec un peu de regret l'état liquide de l'or bouillonnant mentionné par Fontenelle à la fin du XVIIe siècle. Le rayonnement des étoiles, qui correspond à des températures allant de 3 500 °C à 100 000 °C, ne laisse plus guère de place à cette hypothèse.

Le gaz des étoiles est principalement de l'hydrogène et cela ne nous étonnera pas : c'est le corps le plus simple, formé dès le début de l'Univers. Il est, et de loin, le corps le plus abondant dès que l'on consent à quitter notre planète.

Partons donc d'un modèle naïf d'étoile et imaginons une sphère d'hydrogène dont la température est partout la même. Son équilibre interne ne sera assuré que si la densité croît vers le centre car, pour contrebalancer l'effet de la gravité (qui tend à faire s'effondrer l'étoile), la pression du gaz à chaque niveau doit être suffisante pour supporter le poids des couches qui lui sont extérieures. La densité continue à décroître régulièrement vers l'extérieur et la surface d'une étoile n'existe pas, au sens où on l'entend dans la vie courante. Si la densité est faible, le gaz est peu lumineux. Par contre, quand la densité est trop grande, les ondes lumineuses (nous parlerons fréquemment des photons que la mécanique quantique leur associe) sont réabsorbées et ne peuvent plus nous atteindre. La surface apparente résulte d'un compromis entre les deux effets. La densité variant rapidement, la région émissive de l'étoile est, à l'échelle du rayon stellaire, une couche très mince. Sachant que l'absorption varie avec la fréquence de l'onde, on comprend que la surface observée dépende aussi de cette fréquence.

Notre étoile isotherme ne subsisterait pas longtemps. Elle perd, en effet, par rayonnement, une énergie considérable. L'équilibre ne peut être assuré que si une source d'énergie interne contrebalance ces pertes. Dans le cas du Soleil, qui est pourtant une étoile bien faible, c'est une puissance de l'ordre du million de milliards de milliards de kilowatts qui est rayonnée. La seule source capable de fournir leur énergie aux étoiles, sur une durée suffisamment longue — des milliards d'années —, provient des réactions nucléaires. Le centre de l'étoile est donc à très haute température et l'on notera d'ailleurs que la pression du gaz étant plus forte lorsque la température est élevée, les hautes températures aident la matière interne à supporter les couches extérieures. Mais comme chacun sait, l'énergie nucléaire n'est pas gratuite. Dans cette région de l'étoile, l'hydrogène se transforme en hélium : une évolution lente mais irréversible se produit, qui fixe une limite à la durée de vie de l'étoile.

L'intérieur de l'étoile est la région dont les photons, quelle que soit la longueur d'onde, ne s'échappent pas. Le reste de l'étoile, plus ténu, est l'atmosphère. L'observation directe des étoiles est donc strictement limitée à l'atmosphère, quel que soit le domaine spectral, des rayons gamma aux ondes radioélectriques. L'intérieur des étoiles apparaissait donc comme un domaine réservé aux modèles alors que l'atmosphère était l'objet de quantité d'observations. Pourtant, ces dernières années, se sont développées des techniques expérimentales permettant de tester notre connaissance de l'intérieur du Soleil : il s'agit d'une part de la mesure du flux de neutrinos, particules provenant directement du centre de l'étoile, et d'autre part de la détection et de l'étude (appelée sismologie) des oscillations solaires qui permettent, comme celles des tremblements de Terre, d'explorer, à partir de la surface, les couches profondes.

II. — La structure de l'étoile Soleil

Franchissons une étape supplémentaire en décrivant succinctement, à l'aide de la figure 1, l'architecture interne du Soleil et les principales structures observées dans son atmosphère. Cela permet de définir un certain nombre de termes que l'on rencontrera tout au long de ce livre. La région centrale où ont lieu les réactions thermonucléaires est le noyau. Il correspond environ au premier tiers du rayon solaire. Pour élevée qu'elle soit,

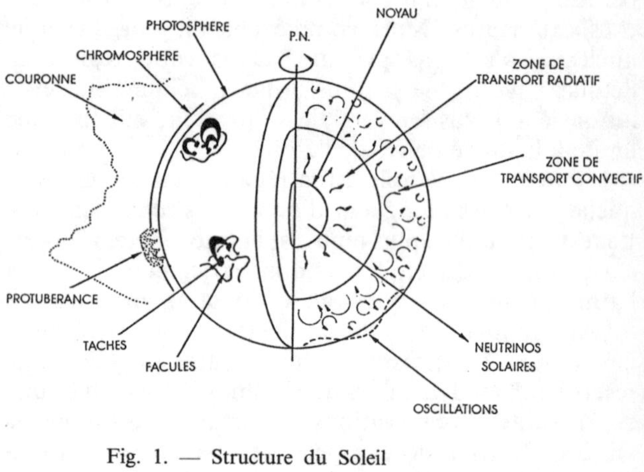

Fig. 1. — Structure du Soleil

puisqu'on l'estime à environ 15 millions de degrés, la température centrale est bien inférieure à celle d'autres étoiles qui peut dépasser 200 millions de degrés. Dans les deux premiers tiers du rayon solaire, le transport d'énergie se fait par émission et absorption de photons de hautes énergies. Chacun de ces photons, en raison de la densité très forte, ne parcourt qu'une faible distance de l'ordre du centimètre. Au-delà d'un niveau que l'on peut situer à la base du tiers externe, la matière se met en mouvement : des bulles de matière chaude, plus légères que l'environnement, montent, se refroidissent et redescendent comme l'eau en ébullition dans un récipient chauffé par-dessous. Le transport radiatif laisse alors la place à ce transport, appelé « convectif », plus efficace que lui. Ces mouvements, nous le verrons, affleurent à la surface du Soleil et sont à l'origine de l'organisation de la photosphère calme, région correspondant à la « surface » visible. Des boucles de champ magnétique, créées apparemment à la transition entre la zone radiative et la zone convective, montent également vers la surface. Quand des tubes de champ magnétiques intenses émergent, on voit apparaître les taches solaires et les facules qui font partie d'ensembles plus complexes, les régions actives. Les régions actives n'apparaissent pas au hasard : elles suivent un cycle d'activité de onze ans environ et émergent à des distances de l'équateur solaire qui varient avec ce cycle.

Les champs magnétiques sont d'une manière générale responsables de la structure hétérogène de l'atmosphère solaire. La chromosphère, située au-dessus de la photosphère et la couronne plus externe sont, même dans les régions calmes, très structurées. Le phénomène le plus frappant est la présence dans la couronne de gigantesques protubérances solaires (appelées aussi filaments quand elles sont vues sur le disque). Les protubérances sont formées de matière « froide » semblable à celle de la chromosphère. Par le jeu des champs magnétiques elles se maintiennent dans l'environnement beaucoup plus chaud de la couronne solaire.

Notons que l'architecture des autres étoiles ne ressemble pas nécessairement à celle du Soleil. A l'origine de ces différences, l'âge et la masse de l'étoile sont des paramètres essentiels. Certaines étoiles, plus âgées que le Soleil, brûlent leurs éléments non pas en leur centre, mais dans une coquille qui se déplace vers l'extérieur au fur et à mesure de la combustion. Ailleurs, dans des étoiles plus massives que le Soleil, la région convective peut être profonde tandis que la zone radiative est proche de la surface. La rotation, la structure de l'atmosphère et l'activité stellaire peuvent aussi différer considérablement de celles observées pour le Soleil.

Chapitre II

COMMENT DÉTERMINE-T-ON LES CARACTÉRISTIQUES DU SOLEIL?

I. — La distance de la Terre au Soleil

Toute détermination des caractéristiques intrinsèques d'une étoile nécessite, en premier lieu, d'en connaître la distance. On comprend donc que depuis des siècles de nombreux travaux aient tenté d'améliorer la mesure de la distance de la Terre au Soleil. Cette mesure n'est pas nécessairement une mesure directe car les orbites des corps du système solaire, planètes et astéroïdes, sont liées entre elles par les lois de la mécanique céleste et il suffit de mesurer précisément une distance pour déterminer toutes les autres. Les méthodes les plus anciennes pour estimer les distances à l'intérieur du système solaire ont été les mesures géométriques par triangulation. Comme les yeux qui, voyant chacun une image légèrement différente, permettent d'estimer la distance d'un objet, la mesure précise de la position d'une planète ou d'un astéroïde par rapport aux étoiles lointaines permet d'estimer sa distance, lorsque l'observation est faite en deux points de la Terre éloignés l'un de l'autre. La planète Vénus et l'astéroïde Eros (quel hasard !) sont des astres particulièrement bien situés pour l'application de cette méthode. Ce type de mesure angulaire, portant sur des angles très petits, ne donne, sur la distance de la Terre au Soleil, qu'une précision de l'ordre du millième.

D'autres méthodes sont basées sur les perturbations d'orbites. La perturbation, par le Soleil, de l'orbite de la Lune fait que l'intervalle de la Nouvelle Lune au Premier Quartier est de huit minutes plus long que celui du Premier Quartier à la Pleine Lune. Comme la distance de la Lune est connue et que la perturbation dépend du rapport des rayons de l'orbite de la Lune et de celle de la Terre, la distance Terre-Soleil peut en être déduite. La précision des mesures gravitationnelles est semblable à celle mentionnée plus haut.

La vitesse de la lumière permet un troisième type de mesure. La méthode classique utilisant les éclipses des satellites de Jupiter par la planète est simple dans son principe : on mesure un décalage systématique en temps de cinq cents secondes par rapport au calcul des éphémérides lorsque Jupiter est au plus loin ou au plus près de la Terre. Le décalage temporel est de sens opposé pour chaque cas. La différence de trajet de la lumière entre ces deux situations étant égale au diamètre de l'orbite terrestre, on obtient une mesure de ce dernier. Avant que la vitesse de la lumière ne soit mesurée en laboratoire, cette méthode avait été utilisée en sens inverse par O. Römer (en 1676) pour montrer que la lumière a une vitesse finie et en donner une première estimation. Les méthodes basées sur la vitesse de la lumière étaient au début de ce siècle parmi les plus précises. Elles ont totalement pris le dessus lorsque des échos radar sur les planètes, en particulier sur Vénus, ont conduit, dans les années 60, à un gain en précision d'un facteur mille.

A l'échelle du système solaire on utilise, pour exprimer les distances, l'unité astronomique (UA) qui est très proche (l'écart est de moins d'un dix-millionième) de la valeur du demi-grand axe de l'orbite elliptique de la Terre. Notons que la mesure précise de l'unité astronomique intervient dans la définition de l'unité de mesure (appelée parsec) utilisée pour la distance des étoiles et des galaxies. L'unité astronomique est donc le « mètre-étalon » de l'Univers. La valeur actuellement adoptée pour l'unité astronomique est 149 597 870 ± 2 km. On notera en particulier l'intérêt de cette grande précision pour la réussite des vols interplanétaires.

Compte tenu de l'ellipticité de l'orbite terrestre, la distance Terre-Soleil varie actuellement de 147 à 152 millions de kilomètres de janvier à juillet. On remarquera que la Terre est plus proche du Soleil en hiver qu'en été.

II. — Les caractéristiques du Soleil

La masse du Soleil se déduit, grâce aux lois de la mécanique céleste, de la mesure de l'orbite des planètes et des mesures en laboratoire de la constante de la gravitation. Cette masse est de $2\ 10^{30}$ kg, soit 333 000 fois celle de la Terre.

Les mesures du diamètre apparent du Soleil et celles de sa distance permettent de connaître le rayon de l'astre qui est de 696 000 km. La densité moyenne se déduit de la masse et du rayon : elle est de 1,4 g par centimètre cube, un quart de celle de la Terre. Le rayonnement solaire est mesuré, au niveau de l'orbite terrestre, par satellite car l'atmosphère de la Terre absorbe une partie de l'énergie. A cette distance du Soleil (une unité astronomique), l'ensemble de l'émission reçue représente 1 367 ± 2 W par mètre carré de surface réceptrice perpendiculaire à la direction du Soleil. Cette grandeur était appelée « constante solaire ». On en déduit la luminosité, puissance rayonnée par toute la surface de l'étoile, qui est de l'ordre de 10^{24} kW. C'est l'énergie perdue, par rayonnement, chaque seconde. La Terre, à sa distance moyenne, reçoit du Soleil $1{,}743\ 10^{14}$ kW. C'est donc moins d'un milliardième de l'énergie solaire (cumulé, il est vrai, sur des temps très longs pour le charbon ou le pétrole) qui est à l'origine de l'énergie disponible sur notre planète, exception faite pour l'énergie géothermique et nucléaire.

Le Soleil rayonne d'une manière comparable dans le domaine visible (46 % entre 0,39 et 0,77 μm) et dans le domaine infrarouge (46 % au-delà de 0,77μ m). Le reste du spectre, des rayons X à l'ultraviolet d'une part et de l'infrarouge lointain au domaine radio d'autre part, ne représente donc que quelques pourcents du rayonnement total. Hors de l'atmosphère terrestre le maximum du spectre solaire se situe à 0,45 μm, c'est-à-dire dans le bleu. Si nous voyons le Soleil jaune et même rouge au couchant, c'est en raison de la traversée de l'atmosphère et de la sensibilité inégale de l'œil aux différentes couleurs. La diffusion de la lumière sur les électrons de l'atmosphère, qui fait paraître bleu le ciel diurne, est la principale cause d'atténuation de la lumière solaire directe entre 0,35 μm (violet) et 0,55 μm (vert).

Pour comprendre le spectre solaire, considérons un four clos : le rayonnement thermique ne peut en échapper, la température interne est bien définie et l'équilibre thermodynamique qui s'y crée est décrit par la physique sous le nom de « corps noir ». Le rayonnement présente un spectre qui ne dépend que de la valeur de la température du four. Si la température est de 8 000 °K, le maximum du spectre est dans l'ultraviolet, si elle est de 5 800 °K, le maximum est dans le visible et pour une température de 3 500 °K, le rayonnement est maximum dans l'infrarouge.

Le rayonnement du Soleil intégré sur tout le spectre équivaut à celui d'un corps noir à 5 777 °K. Cette température est, par définition, la température effective du Soleil. Le spectre du Soleil diffère de celui du corps noir équivalent à la fois par un écart systématique dans certains domaines et par sa structure détaillée comme le montre la figure 2. Le Soleil en effet, contrairement au corps noir, rayonne vers l'extérieur. La température effective donne néanmoins une première idée des températures rencontrées à la surface de l'astre et c'est une

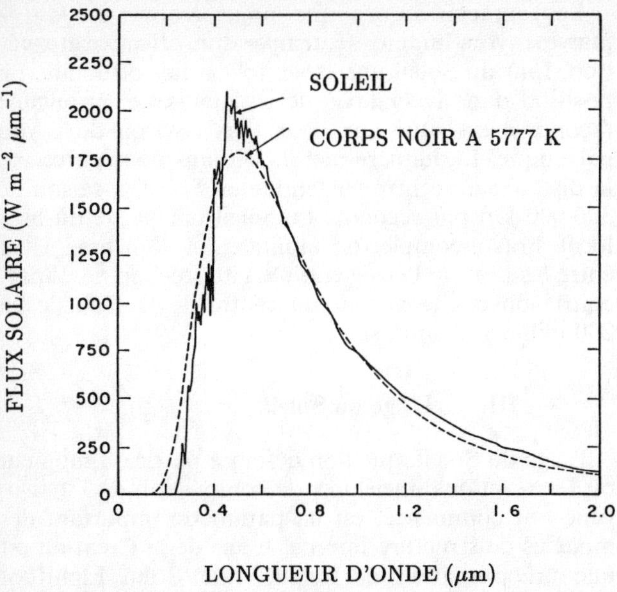

Fig. 2. — Spectre solaire

grandeur essentielle pour situer le Soleil parmi les étoiles.

La rotation du Soleil est un sujet d'un grand intérêt en physique solaire car il ne s'agit pas d'une rotation rigide. Puisqu'un chapitre est consacré à la rotation du Soleil, contentons nous pour le moment d'une valeur approximative correspondant à la moyenne des taches : le Soleil, vu de la Terre, tourne sur lui-même en 27,28 jours, c'est la rotation synodique. La rotation sidérale, par rapport aux étoiles, a une période de 25,38 jours. La différence vient du déplacement de la Terre sur son orbite au cours d'une rotation solaire. Notons d'ores et déjà que la rotation solaire est lente par rapport à celle de nombreuses autres étoiles.

Les caractéristiques que nous venons de voir : masse, rayon, luminosité, température effective et rotation, font du Soleil une étoile tout à fait ordinaire. Sa position dans la Galaxie ne le singularise en aucune façon : il est situé aux deux tiers environ du rayon galactique. La lumière met 25 000 ans pour parcourir la distance du centre galactique au Soleil, à raison de 300 000 km par seconde. Le Soleil fait partie du bras local, bras incomplet ou ramification d'un bras, situé entre les bras de Persée et du Sagittaire-Carène. Il parcourt son orbite autour du centre de la Galaxie en 200 millions d'années.

III. — **L'âge du Soleil**

L'âge du Soleil, que l'on définit à partir du moment où les réactions nucléaires de combustion de l'hydrogène ont commencé, est un paramètre important des modèles de structure interne. L'âge de la Création est une préoccupation de longue date. John Lightfoot en 1654 a calculé, grâce à la chronologie biblique, qu'elle remontait à 4004 avant Jésus-Christ en spécifiant, de plus, le jour et l'heure. Aujourd'hui l'âge des plus anciennes roches terrestres se mesure en laboratoire par des méthodes de datation basées sur la désintégration d'éléments radioactifs. On obtient ainsi pour la Terre un âge de 4,5 $\pm$ 0,1 milliards d'années. Les échantillons lunaires conduisent à des âges du même ordre. L'analyse des météorites, qui sont reconnues pour être les corps les plus anciens du système solaire, permet une mesure plus directement liée à l'âge de condensation du système solaire. Les météorites sont nombreuses puisque l'on estime à plusieurs centaines de tonnes les poussières et météorites tombant quotidiennement sur la Terre. Elles proviennent de la ceinture d'astéroïdes (située entre les orbites de Mars et de Jupiter) ou de comètes. L'étude dans les météorites d'isotopes radioactifs de l'uranium, du plomb, du rubidium et du strontium par exemple, conduit à un âge de 4,55 ± 0,05 milliards d'années. La Terre et la Lune se sont donc probablement formées pratiquement en même temps que la condensation du système solaire.

Le Soleil, quant à lui, n'avait pas, à cette époque, commencé à brûler son hydrogène en hélium comme il le fait actuellement. Il est donc un peu plus jeune. Une analyse de son évolution depuis la phase de condensation du système solaire conduit à lui attribuer, en effet, un âge de 4,49 ± 0,05 milliards d'années.

Chapitre III

QUE VOIT-ON À LA SURFACE DU SOLEIL ?

I. — Les taches solaires

« S'il se rencontre par hasard », écrit C. A. Young dans son livre *Le Soleil* en 1883, « un groupe bien formé de taches à la surface du Soleil, ces taches ne manqueront pas d'attirer, exclusivement à tout autre objet, l'attention de tous ceux qui regardent pour la première fois le Soleil avec une lunette ». Les taches s'observent en effet facilement en projection sur un écran. Avant même l'invention de la lunette astronomique, les taches solaires étaient connues, les plus grandes d'entre elles étant visibles à l'œil nu. C. A. Young cite l'exemple d'une grande tache observée en Europe à l'époque carolingienne. Les annales chinoises mentionnent les taches solaires dès l'an 165 avant notre ère. Les grandes taches sont cependant exceptionnelles et, en Occident, elles étaient attribuées à des corps, comme la planète Mercure, s'interposant entre le Soleil et la Terre. L'étude scientifique n'a commencé qu'en 1610, avec l'utilisation de la lunette astronomique par Fabricius, Galilée et Scheiner. La démonstration de l'origine solaire des taches et les premières mesures de la rotation du Soleil datent de cette époque. Les taches apparaissent généralement en groupe à l'intérieur d'une région active. Dans la tache elle-même une région peu émissive, l'ombre, est entourée de la pénombre, région hétérogène d'intensité intermédiaire, faisant la transition avec l'atmosphère calme. Le dessin de taches présenté figure 3 montre une région particulièrement active ayant donné de grandes éruptions en août 1972. La complexité du groupe et la fragmentation des ombres à l'intérieur d'une grande pénombre commune à toutes, sont bien visibles. Les lettres indiquent, pour les taches principales, la direction du champ magnétique, dirigé vers l'extérieur du Soleil (N, polarité nord) ou vers le Soleil (S, polarité sud). Notons que la convention utilisée pour les champs solaires est inverse de celle prise pour le champ terrestre, dirigé vers la Terre au pôle géomagnétique nord. Sur le dessin de la figure 3, les « filaments de pénombre » sont schématisés par des traits. On remarquera que leur direction tend à lier des taches de polarité opposée et à éviter les taches de même polarité comme le feraient les particules de limaille de fer que l'on utilise pour mettre en évidence la direction du champ de petits aimants.

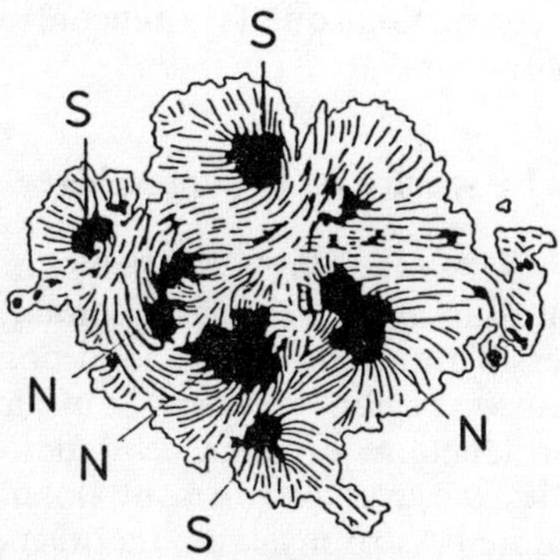

Fig. 3. — Tache solaire

II. — Les structures de la photosphère calme

L'image de l'or bouillonnant qui permet au XVIIe siècle de décrire la surface du Soleil n'en est pas une si mauvaise description aujourd'hui. Cette surface est en effet couverte de petits éléments brillants, les granules, séparés par un réseau intergranulaire plus sombre. On a aussi comparé les granules à des grains de riz car leur forme est irrégulière. Les granules sont en moyenne 30 % plus brillants que le réseau les entourant. Leur diamètre, d'environ 1,4″ d'arc, correspond à 1 000 km sur le Soleil. Leur surface individuelle est donc comparable à celle de l'Europe de l'Ouest. Propriété essentielle, les granules ne sont pas des phénomènes stationnaires : leur vie n'est que de quelques minutes, certains donnant l'impression d'exploser. Il s'agit de gaz (et non de liquide !), mais c'est bien un bouillonnement que l'on observe. La matière chaude monte dans la photosphère au centre des granules. Elle se refroidit en montant. Le réseau intergranulaire, au contraire, correspond à de la matière plus froide qui redescend. Nous avons déjà entrevu que ces observations caractérisent, en surface, un mode de transport de l'énergie, la convection, que l'on rencontre jusqu'à de grandes profondeurs.

III. — Le spectre de la photosphère

La spectroscopie, c'est-à-dire ici l'analyse du spectre de rayonnement d'un astre, permet de connaître, pour un objet inaccessible autrement, les conditions physiques régnant dans la région observée. Sauf dans le cas du milieu interplanétaire et dans celui des planètes pour lesquels des mesures *in situ* sont possibles, elle sert de base à toute l'Astrophysique. Le prisme permet de séparer les différentes longueurs d'ondes présentes dans le spectre visible. Les instruments modernes emploient, dans le même but, des réseaux de diffraction obtenus en traçant sur une plaque de verre ou de métal poli une série de lignes parallèles très proches les unes des autres.

La photosphère, en continuité avec l'intérieur du Soleil, peut être assimilée à une série de milieux de température et de densité de plus en plus basses lorsque l'altitude croît. Nous avons évoqué au chapitre précédent le « corps noir ». Son spectre varie régulièrement : il est appelé continu et ne présente pas de raies. Les raies d'un spectre sont dues aux changements d'orbite des électrons des atomes. Un changement d'orbite est lié à l'émission d'un photon si le niveau d'arrivée est d'énergie plus basse que le niveau de départ. Inversement, l'électron passera sur une orbite d'énergie supérieure par absorption d'un photon. A l'équilibre thermodynamique, celui du four idéal, les deux types de transitions se compensent exactement. Cela n'est plus vrai quand une variation de la température empêche cet équilibre de s'établir. Les transitions de niveaux ne se compensent pas et des raies apparaissent dans le spectre du rayonnement sortant. Si la température est décroissante avec l'altitude, comme c'est le cas pour la photosphère, les raies qui se forment sont des raies d'absorption : l'intensité au centre de la raie est inférieure à celle du spectre continu voisin. Chaque élément chimique ayant des niveaux d'énergie caractéristiques, les raies formées par les transitions de ses électrons ont des longueurs d'onde qui permettent d'identifier l'élément concerné. Lorsque la raie est faible, la profondeur de la raie est proportionnelle au nombre d'atomes ou de molécules absorbants. On peut donc connaître la composition chimique du gaz. La mesure de l'intensité des raies permet également d'estimer la densité et la température locales.

La figure 4 présente une petite portion, couvrant environ un nanomètre, du spectre photosphérique

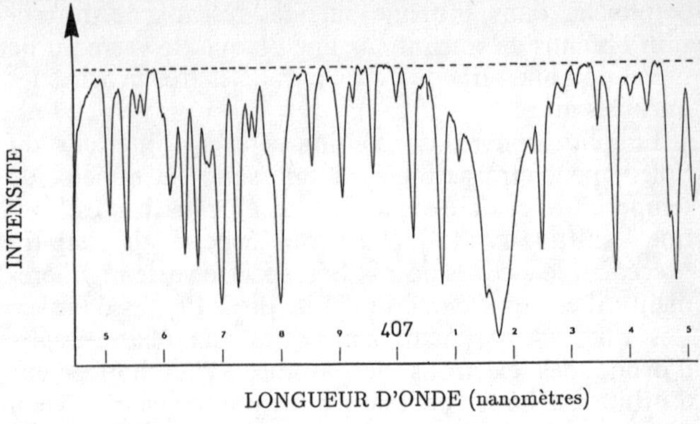

Fig. 4. — Spectre photosphérique

autour de 407 nanomètres. Le trait supérieur, en pointillés, représente le niveau du continu. On voit qu'en raison du grand nombre de raies, le continu lui-même est rarement observé dans cette partie du spectre. L'axe horizontal correspond à une intensité nulle : les raies les plus fortes absorbent presque toute l'intensité du continu à leur longueur d'onde centrale. A quelques exceptions près (dues au cobalt, manganèse et strontium), les raies importantes figurées ici sont dues au fer, pourtant 25 000 fois moins abondant, en nombre d'atomes, que l'hydrogène. On conçoit que des calculs théoriques, tenant compte des mécanismes impliqués et de la manière dont le rayonnement traverse les différentes couches, permettent d'interpréter les raies et le spectre continu observés et de modéliser ces régions. La décroissance de la température avec l'altitude, au niveau de la photosphère, explique non seulement la présence de raies d'absorption mais aussi la décroissance de la brillance du disque solaire lorsque l'on approche du bord : dans ce cas, l'épaisseur d'atmosphère à traverser est plus grande et le rayon qui nous parvient se forme à une altitude plus élevée (donc dans un milieu plus froid) que ceux de même longueur d'onde issus du centre du disque. L'effet centre-bord fait partie des informations permettant d'affiner les modèles de la photosphère puisqu'il fournit un moyen supplémentaire d'explorer les différentes altitudes.

IV. — L'abondance des éléments

L'hydrogène étant le principal constituant du Soleil, les abondances des autres éléments chimiques sont fréquemment données en fonction de celle de l'hydrogène. Parmi les 90 premiers corps chimiques de la table des éléments, 70 au moins ont leur abondance solaire mesurée avec une certaine précision. L'abondance en nombre d'atomes de l'hélium est 8,7 centièmes de celle de l'hydrogène, celle du carbone est égale à 4 dix-millièmes, celle de l'azote à 8 cent-millièmes. Les abondances continuent à décroître ainsi pour les atomes plus lourds. La méthode généralement employée consiste à calculer un spectre théorique que l'on compare aux observations pour fixer les paramètres du calcul que sont les abondances. Les éléments non mesurés existent certainement dans le Soleil, mais l'absence de raies adéquates ou une abondance trop faible en rendent la détection difficile. Trois corps présentent un intérêt particulier. Ce sont, après l'hélium, les plus légers des éléments : le lithium, le béryllium et le bore. Leur abondance solaire est très faible, un cent-millième de celle de l'hydrogène, malgré leur place, en principe favorable, dans la classification. De plus, le lithium et le bore sont 100 fois moins abondants dans le Soleil que dans le reste du système solaire. L'étude de cette anomalie d'abondance indique que ces éléments très légers ont été détruits par des réactions nucléaires, des protons les transformant en hélium lorsque l'étoile était plus jeune. Notons que ces réactions concernent actuellement le haut de la région radiative. Contrairement aux réactions centrales, elles n'ont pas joué, faute de dégager suffisamment d'énergie, de rôle dans l'évolution générale de l'étoile. Des processus de transport des noyaux légers à l'intérieur de l'étoile peuvent aussi affecter la mesure de l'abondance des éléments à la surface.

V. — L'effet Doppler et la mesure des vitesses

Quand un spectre contenant des raies est disponible, il est beaucoup plus facile de mesurer la vitesse d'une source lumineuse par rapport à l'observateur que sa distance. La longueur d'onde reçue est en effet modifiée par effet Doppler : lorsque cet observateur se déplace dans la direction de la source, il rencontre les maxima de l'onde plus fréquemment que s'il était resté au repos. La fréquence observée est supérieure dans ce cas à celle émise par la source, que l'on connaît par des mesures de laboratoire. La variation relative de la fréquence reçue est proportionnelle au rapport des vitesses de l'observateur et de l'onde. L'effet Doppler permet, dans le cas du Soleil, de mesurer avec une très grande précision la vitesse de la matière photosphérique dans la direction de l'observateur. Les mesures indiquent, par exemple, que la vitesse ascendante au centre des granules est de 400 m par seconde. On peut obtenir des images du champ de vitesse du Soleil, que l'on peut appeler images Doppler, dont l'intensité est liée à l'amplitude et au signe des mouvements le long de la ligne de visée et non à la brillance du Soleil comme pour une image classique. Par cette technique on a découvert, dans les années 60, l'existence de grandes cellules convectives formant la « supergranulation ». Ces structures sont bien observées près du bord car leur vitesse est, à ce niveau, principalement horizontale. Comme la supergranulation est moins contrastée que la granulation aux longueurs d'onde photosphériques, elle est moins visible que cette dernière en intensité. L'échelle des cellules de supergranulation est de 30 000 km et leur durée de vie, de l'ordre de la journée. Les vitesses de la supergranulation vont du centre au bord des cellules. Nous verrons que cette structure joue un grand rôle dans l'organisation des couches situées au-dessus de la photosphère.

VI. — **Les oscillations solaires**

Les images Doppler devaient aussi permettre une découverte peut-être plus importante encore que la précédente. La mesure des oscillations solaires a, en effet, donné naissance à toute une discipline qui déborde maintenant la physique solaire pour s'appliquer aussi bien aux étoiles. Au centre du disque solaire, des cellules de vitesse, du même ordre de dimension que la granulation peuvent être observées sur ces images. Si l'on superpose à une première image, un à un, des clichés Doppler pris de minute en minute, il apparaît d'abord une dégradation, mais la cohérence avec la première image redevient nette après 5 minutes. La nature oscillatoire de ce phénomène a pu être démontrée. L'oscillation de 5 minutes s'amortit, localement, en une vingtaine de minutes pour reprendre ensuite. Par des spectres obtenus sans résolution spatiale on peut détecter les oscillations globales du Soleil. On mesure alors la vitesse radiale moyenne sur l'ensemble du disque. Notons, pour être complet, que des mesures globales de la brillance permettent aussi la détection des oscillations.

L'astre est, de fait, un résonateur pour des oscillations dues à des ondes acoustiques. Puisqu'il s'agit d'ondes acoustiques autorisons-nous des analogies musicales : à une dimension considérons les vibrations d'une corde de violon et à deux dimensions à celles d'une peau de tambour. Le Soleil est une sphère gazeuse — à trois dimensions — vibrant d'une manière semblable avec, bien sûr, une amplitude très faible. A l'intérieur du Soleil, les ondes acoustiques se propagent entre la surface et un niveau profond où elles se réfléchissent. Ces deux régions jouent en quelque sorte le rôle des parois d'un tuyau d'orgue entre lesquelles des systèmes d'ondes stationnaires s'établissent. L'analyse des observations se fait par décomposition en différents modes oscillatoires. La figure 5 donne quelques exemples de ces modes, sans vibration azimutale à gauche et avec vibrations azimutales à droite. Les régions figurées en blanc et en noir sont les régions dont l'amplitude est maximale (« ventres » des oscillations), la direction du mouvement étant opposée dans les deux cas. Les ventres sont sépa-

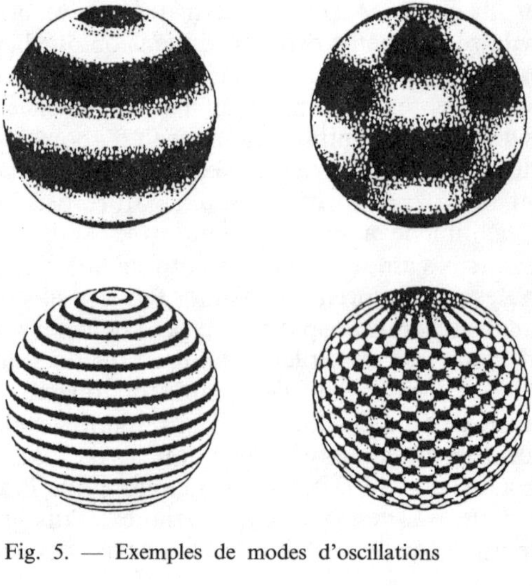

Fig. 5. — Exemples de modes d'oscillations

rés par des « nœuds » sans vitesse radiale. Comme le niveau de réflexion est plus profond pour les modes à grande échelle horizontale, une analyse de l'amplitude des différents modes permet de sonder l'intérieur du Soleil. Les modes oscillatoires d'un modèle de structure interne peuvent être calculés et comparés aux observations.

Toutes les observations de sismologie sont des mesures extrêmement délicates. La séparation des différents modes nécessite des observations continues de longue durée. Le mouvement diurne de la Terre est, à cet égard, particulièrement gênant et une première étape a été de faire des observations continues sur 120 heures au pôle Sud durant l'été austral. Pour des raisons météorologiques on ne peut pas espérer dépasser une semaine. Grâce à la coopération internationale, des réseaux d'instruments identiques sont maintenant implantés autour du globe. Une solution particulièrement séduisante consiste, comme c'est le cas de la sonde européenne *Soho,* à placer les instruments hors de l'atmosphère terrestre (toujours perturbatrice), près du point de Lagrange situé à l'équilibre entre le Soleil et la Terre à 1,5 million de kilomètres de notre planète (un centième de la distance Terre-Soleil). L'observation du Soleil peut alors être continue, la vitesse relative au Soleil reste faible et les effets thermiques sont constants contrairement au cas d'un satellite orbitant autour de la Terre. Les résultats de la sismologie solaire sont déjà nombreux et un grand intérêt de cette méthode est, nous l'avons vu, son extension à l'étude des étoiles, puisque certaines techniques ne nécessitent pas de résolution spatiale. Outre les oscillations dues aux ondes acoustiques, on peut espérer étudier un second type d'oscillations, plus difficiles à détecter, lié non plus aux ondes acoustiques, mais à des ondes mettant en jeu la gravité.

VII. — L'effet Zeeman et les champs magnétiques solaires

Lorsqu'un atome subit un champ magnétique extérieur, certains de ses niveaux électroniques se modifient et cela se traduit, dans le spectre, par une séparation des raies correspondantes en plusieurs composantes : c'est l'effet Zeeman. La séparation de deux des composantes Zeeman est proportionnelle à l'amplitude du champ le long de la ligne de visée. La mesure de la séparation est facilitée par la polarisation différente de chaque composante. De nombreuses observations ont été faites par cette méthode et le « champ magnétique longitudinal » est cartographié chaque jour par de nombreux observatoires. L'amplitude totale du champ magnétique et sa direction peuvent aussi être déduites grâce à l'effet Zeeman, mais la mesure est alors plus délicate. Dans les taches solaires, on accède par ces mesures à une grandeur tout à fait fondamentale car les champs magnétiques sont la cause même de l'activité solaire.

La géométrie du champ terrestre est fréquemment représentée par celle d'un aimant, dipôle magnétique, localisé au centre de la Terre. Dans le cas des taches solaires, la géométrie n'est pas foncièrement différente. On pourrait, en simplifiant beaucoup, considérer le champ d'un aimant horizontal enfoncé sous la surface du Soleil. A l'endroit de la surface où le champ magnétique sort, on situerait une tache de polarité nord et à l'endroit où il entre, une tache de polarité sud. Au centre des taches, les champs atteignent 0,2 à 0,3 tesla soit 2 000 à 3 000 gauss. Le champ magnétique des taches est donc plusieurs milliers de fois celui qui, sur Terre, oriente la boussole et vaut environ 50 000 nanotesla.

Les champs magnétiques des taches sont des champs forts. Ils bloquent efficacement la convection qui transporte l'énergie vers la surface. Pour cette raison, les taches ont des températures nettement plus basses que les régions voisines et elles émettent moins. Les modèles indiquent qu'au niveau de la photosphère qui, dans les régions calmes, correspond à 6 800 °K, la température des taches peut être inférieure à 4 000 °K. Compensant d'une certaine manière ce déficit d'énergie, les régions entourant les taches, les facules, sont au contraire plus brillantes que la photosphère calme. Les facules en lumière blanche sont principalement visibles près du bord du disque, car le contraste est plus grand dans la haute photosphère que l'on observe alors. Nous verrons qu'au niveau de la chromosphère, les facules sont bien visibles sur tout le disque sous forme de « plages chromosphériques ».

L'évolution typique d'un groupe de taches d'une région active peut être schématisée de la façon suivante : des pores de petite taille apparaissent en premier. Certains d'entre eux se développent et deviennent des taches tandis que le groupe s'étend en superficie. Les taches dominantes du groupe bipolaire croissent en même temps qu'elles s'éloignent l'une de l'autre. Le nombre et la configuration des taches dans un groupe évolue notablement en quelques jours. Au maximum de développement du groupe, à la suite de la naissance de nouvelles polarités, une grande complexité peut exister comme l'avait montré la figure 3. Durant cette phase plusieurs dizaines de taches, de tailles différentes, peuvent coexister au sein d'un grand groupe. La vie d'un groupe de taches peut se prolonger un ou deux mois après son apparition, s'achevant par dispersion et disparition des taches, puis des facules.

Dans les régions calmes du Soleil, les observations du champ longitudinal permettent de localiser des régions étendues dont la polarité magnétique dominante est nord ou sud. A leur frontière se situent les lignes neutres du champ magnétique longitudinal que l'on peut aussi suivre sur tous les disques par la présence de protubérances. Le champ magnétique moyen du Soleil calme est beaucoup plus faible que dans les régions actives : il ne dépasse pas quelques dizaines de gauss. Il est difficile à interpréter : on pense généralement que dans la photosphère les champs du Soleil calme sont très concentrés, les structures étant de taille inférieure au pouvoir séparateur des instruments actuels qui est de l'ordre de la seconde d'arc. Dans ces petites régions, le champ serait beaucoup plus fort que la moyenne ne l'indique. Des champs forts, de 0,1 à 0,2 tesla (1 000 à 2 000 gauss), sont aussi mesurés aux bordures du réseau de supergranulation. Dans ces régions, les tubes de champ magnétique sont concentrés par les mouvements horizontaux de la supergranulation. On a découvert enfin, dans les régions calmes, l'existence de petites régions actives qui ne durent qu'une journée : ce sont les régions actives éphémères. Contrairement aux taches, qui sont principalement localisées dans une bande de latitude comprise entre 40° Nord et 40° Sud (les zones royales), les régions éphémères apparaissent sur tout le disque.

Chapitre IV

L'ATMOSPHÈRE SUPÉRIEURE DU SOLEIL

L'atmosphère du Soleil est extrêmement hétérogène. Les champs magnétiques structurent l'ensemble de la région. De plus, les structures individuelles elles-mêmes, d'une manière générale, sont dynamiques : la matière y est constamment en mouvement et s'écoule en particulier le long des lignes du champ magnétique. On peut cependant donner un ordre de grandeur de la densité et de la température en fonction de l'altitude, tout en sachant que ce ne sont que des valeurs indicatives. La figure 6 représente la courbe de la tempéra-

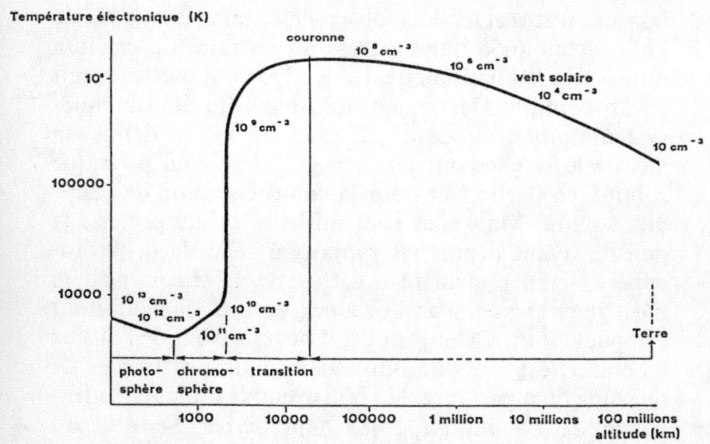

Fig. 6. — Température et densité électronique de l'atmosphère solaire

ture électronique qui croît de la photosphère à la couronne puis décroît dans le vent solaire. Les densités électroniques sont indiquées le long de la courbe. On voit qu'elles décroissent de cinq ordres de grandeur de la photosphère à la couronne.

I. — La chromosphère

La photosphère est la source de plus de 99 % du rayonnement total du Soleil. La chromosphère, comme la couronne, est donc tout à fait négligeable à cet égard, mais l'étude de leur émission apporte de précieuses informations sur la structure de l'atmosphère. La chromosphère est en grande partie transparente dans le domaine visible, mais son rayonnement continu est dominant dans d'autres domaines de longueurs d'onde : l'infrarouge lointain et le domaine millimétrique d'une part et l'ultraviolet d'autre part. L'ultraviolet émis par la chromosphère présente de nombreuses raies d'émission. Dans le domaine visible, au contraire, les raies fortes et faciles à observer, comme la raie Hα de l'hydrogène (656 nanomètres) ou les raies du calcium ionisé : H (397 nanomètres) et K (393 nanomètres), sont en absorption. Des images du Soleil ont été obtenues systématiquement dans ces raies depuis le début du XXe siècle et elles ont joué un grand rôle en physique solaire, en particulier pour la compréhension de l'activité solaire. Mais elles sont difficiles à interpréter : la densité ayant décru par rapport à celle de la photosphère, le rayonnement qui traverse la chromosphère n'est généralement pas d'origine locale. Ce facteur, dont l'impact est important sur l'état des électrons de l'atome émetteur, est alors découplé des conditions locales de densité et température. Un bon exemple est la raie infrarouge de l'hélium à 1 083 nanomètres. Sensible au rayonnement ultraviolet de la couronne, l'intensité de cette raie permet de localiser, sur le disque solaire, les structures coronales (comme les trous coronaux dont nous parlerons plus loin) qui la surplombent.

Plus que les observations faites sur le disque, les spectres obtenus dans le domaine visible lors des éclipses ont permis très tôt l'étude de la chromosphère et sa modélisation en densité et température moyennes : la géométrie des éclipses étant bien connue, l'altitude des émissions peut être déterminée. Le relief lunaire limite la précision à quelques secondes d'arc. Contrairement à la photosphère, la chromosphère est, nous l'avons vu plus haut, une région où la température croît, en moyenne, avec la distance au Soleil. La température minimale de l'atmosphère solaire se situe donc à la jonction de ces deux régions. Les observations dans l'ultraviolet ont montré que ce minimum était de l'ordre de 4 200 °K. Les modèles localisent le minimum à une altitude de 500 km au-dessus d'un niveau photosphérique de référence défini par la « surface » visible à 500 nanomètres. La chromosphère monte jusqu'à 2 000 km, altitude où la température atteint 10 000 °K. Son épaisseur est donc faible par rapport au rayon solaire. Cependant les études au bord ne peuvent donner que des paramètres moyens, indicatifs mais sans doute peu réalistes au vu de la complexité des images chromosphériques prises sur le disque.

Dans certaines raies chromosphériques, les taches apparaissent au milieu de plages brillantes et étendues, correspondant aux facules photosphériques. Des structures fibreuses brillantes ou sombres y sont bien observables. Comme elles sont dues au champ magnétique, leur orientation indique celle du champ. La détermination des conditions physiques régnant dans les structures chromosphériques des régions actives est difficile : d'une part ces structures ne sont pas stationnaires, leur durée de vie étant souvent de l'ordre de 10 minutes, d'autre part leur aspect dans les différentes raies ou dans différentes parties d'une même raie peut être très différent. Enfin et surtout, les raies dans lesquelles on les observe sont, nous l'avons vu, d'une interprétation délicate.

Dans les régions calmes on retrouve, à ce niveau de l'atmosphère, la supergranulation photosphérique, mais sous un aspect très différent. Les cellules, dont la dimension est, rappelons le, de l'ordre de 30 000 km, sont bordées par le réseau chromosphérique, région brillante dans la raie K du calcium ionisé. Dans la raie Hα, des points brillants côtoient de petits jets sombres. Certains de ces jets, nommés fibrilles, horizontaux, semblent correspondre à de petites boucles de champ magnétique. D'autres, verticaux, sont les spicules. Les vitesses horizontales de la supergranulation tendent, nous l'avons vu, à concentrer le champ magnétique à leur périphérie. Au niveau chromosphérique, ce sont les structures en densité liées à la concentration du champ magnétique que l'on observe. La figure 7 schématise

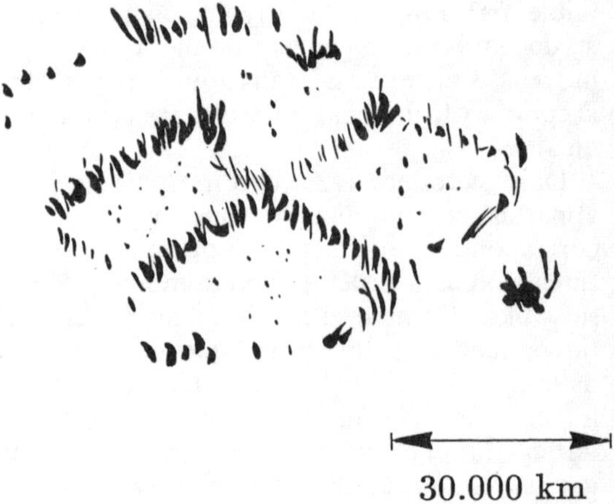

Fig. 7. — Structures de la chromosphère en Hα

l'organisation des spicules tels qu'ils apparaissent sur les meilleures photographies du disque à environ + 0,1 nanomètre du centre de la raie Hα, lorsque l'on observe à proximité du limbe. Les spicules ressemblent aux arbres des haies dans un paysage de bocage.

Grâce à leur extension verticale, que l'on estime à 20 000 km environ, les spicules sont bien étudiées au limbe. Comme toutes les structures observées sur le fond du ciel, ils sont vus en émission. Le bord solaire, en Hα paraît irrégulier, comme s'il avait des franges, lorsque la résolution est suffisante pour observer les spicules dont le diamètre n'est que d'une seconde d'arc. On peut se représenter les spicules comme de petits cylindres présentant un mouvement de matière de 20 à 25 km par seconde vers le haut. Leur durée de vie individuelle est d'environ 5 à 10 minutes. A plus grande échelle, l'ensemble de la géométrie cellules-réseau se maintient une vingtaine d'heures, puis se recrée différemment.

II. — La transition chromosphère-couronne

Des images du disque sont nécessaires pour séparer les différentes composantes de l'atmosphère et en connaître la géométrie. En raison des conditions qui règnent au-delà de la chromosphère, les données optiques ne sont plus d'aucun secours. Dans le domaine ultraviolet, par contre, les observations par satellite fournissent des images et des spectres qui permettent l'étude de la région de transition chromosphère-couronne. Des raies comme Lyman α de l'hydrogène fournissent des images très détaillées. Mais la plupart des raies émises dans ce domaine proviennent d'atomes ayant perdu une partie de leurs électrons. Or la perte d'électrons, l'ionisation, dépend de la température. Prenons l'exemple du Fer : photosphérique et chromosphérique à l'état neutre (Fe I), il a perdu 5 électrons (Fe VI) à 100 000 °K, est 7 fois ionisé (Fe VIII) à 300 000 °K et

9 fois ionisé (Fe X) à 1 million de degrés. L'identification des raies du spectre ultraviolet provenant d'une région particulière du Soleil, puis l'analyse des conditions physiques expliquant leur intensité permettent de modéliser la transition chromosphère-couronne. Les observations radioastronomiques permettent aussi d'explorer la région de transition aux longueurs d'onde centimétriques et décimétriques, puis la couronne à plus grandes longueurs d'onde.

Au-delà d'une altitude de 2 000 km, les modèles moyens indiquent une croissance brusque de la température de 10 000 à 100 000 °K au cours des quelques premières dizaines de kilomètres. Cela représente un gradient 1 000 fois supérieur à celui de la chromosphère. Simultanément, la densité électronique décroît de telle sorte que la pression gazeuse, proportionnelle au produit des deux, reste sensiblement constante. Plus haut, la montée en température devient moins abrupte et la température coronale, de l'ordre du million de degrés, est atteinte à une altitude de 10 000 à 20 000 km comme l'indiquent les observations faites, au-dessus du bord, dans les raies de l'ultraviolet. La montée rapide de la température montre que la transition entre la chromosphère et la couronne relève de processus de chauffage différents de celui de ses voisines. Le flux de chaleur descendant de la couronne explique en première approximation son profil moyen.

Cependant, comme dans le cas de la chromosphère, la géométrie est complexe et les conditions physiques varient plus encore que dans la chromosphère. Les spicules par exemple, qui traversent toute la région de transition pour aller se dissoudre dans la couronne, restent à température relativement basse, estimée à 16 000 °K, tandis que celle des régions situées entre les spicules augmente, comme cela vient d'être mentionné, d'un facteur 100.

Dans les régions calmes, les données ultraviolettes

retrouvent, autour des spicules, en bordure des cellules de supergranulation, le réseau chromosphérique brillant. Elles indiquent que le réseau s'évase avec l'altitude dans la région de transition et perd son contraste au niveau coronal. La mesure des vitesses par effet Doppler montre qu'à l'inverse des spicules, le réseau observé en ultraviolet est dominé par des vitesses descendantes. Ainsi toute une circulation de matière existe aussi à ce niveau. L'existence de vitesses importantes, de variations rapides de la température, d'hétérogénéités et probablement de chauffage, fait que la physique de la région de transition chromosphère-couronne est loin d'être simple.

III. — La couronne solaire

Sur les photographies en rayons X, la couronne apparaît irrégulière et formée de nombreuses boucles. Les champs magnétiques isolent de leur environnement des boucles formées de matière plus dense et plus chaude.

Ces images en rayons X indiquent la manière dont les champs magnétiques coronaux se referment à la surface du Soleil. Les régions actives sont caractérisées par les boucles les plus brillantes. Le télescope en rayons X mous du satellite japonais *Yohkoh* a montré que les boucles des régions actives ne sont pas statiques : au-dessus de certaines régions tout au moins, elles montent en permanence et paraissent s'ouvrir. D'une manière générale, les rayons X indiquent que toute la couronne évolue, dans ses détails, assez rapidement. Les instruments ultraviolets, faisant ainsi le lien entre les observations $H\alpha$ et celles en rayons X, mettent en évidence des boucles de toutes températures, coexistant à l'intérieur d'une région active. La figure 8 montre deux groupes de taches et leurs champs magnétiques mesurés à la photosphère, puis extrapolés dans la couronne par calcul. Les taches sont couvertes par des lignes de champ se

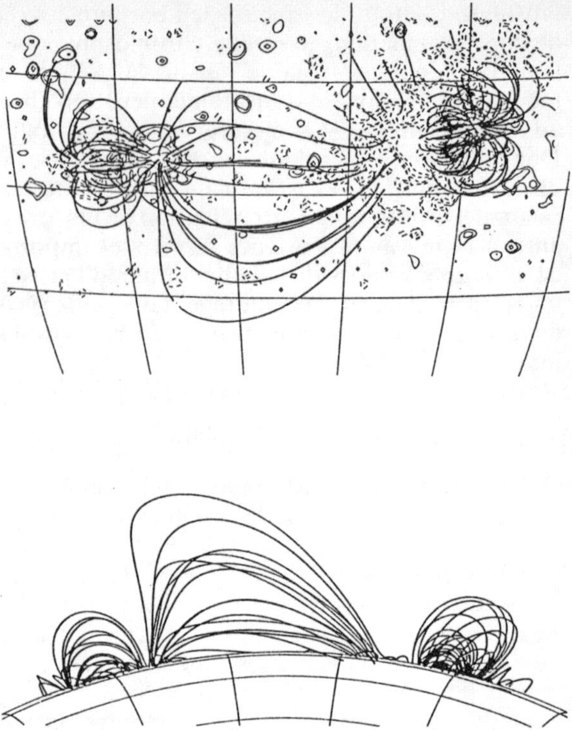

Fig. 8. — Champs magnétiques au-dessus de taches

rebouclant sur le même groupe mais ces groupes de taches sont aussi connectés entre eux, à plus grande échelle, par des lignes de champ atteignant ici une altitude de 200 000 km.

Dans les régions actives, comme sur l'ensemble du disque on observe, sur les spectrogrammes de la raie Hα, de grands ponts de matière « froide », les filaments, situés dans la couronne à environ 50 000 km au-dessus de la chromosphère. Leurs paramètres physiques sont proches de ceux de la chromosphère elle-même. Vus sur le disque, ils absorbent la lumière venant de la chromosphère. Au limbe, sur le fond du ciel, ils apparaissent en émission dans les raies chromosphériques sous forme de protubérances. Les filaments situés dans les régions actives sont localisés plus bas que ceux des régions calmes mais tous sont alignés le long des lignes d'inversion du champ magnétique longitudinal. Des configurations très spécifiques du champ magnétique soutiennent ainsi de grandes masses de matière froide au milieu d'une couronne à haute température. Les protubérances représentent d'ailleurs une fraction non négligeable de la masse de la couronne. Leur structure fine, qui apparaît lors des observations à haute résolution, indique la nature fibreuse de ces objets. Bien que des mouvements internes soient détectés, les filaments sont relativement stables. Dans les régions calmes, généralement à hautes latitudes, ils subsistent plusieurs mois. Dans les régions actives, les filaments restent, bien après la disparition des taches et des plages, les dernières structures détectables.

Dans le domaine optique, les observations de la couronne au-dessus du bord solaire sont possibles durant les éclipses. Les coronographes, qui créent une éclipse artificielle en cachant le disque lui-même, permettent aujourd'hui des mesures régulières. Les raies coronales les plus intenses sont deux raies du fer : l'une, raie du Fer X à 637 nanomètres, est la raie rouge ; l'autre, la raie verte, est une raie du Fer XIV à 530 nanomètres. La première sélectionne les régions de température de 1 million de degrés environ, la seconde des températures de l'ordre de 2 millions de degrés. Les raies coronales sont particulièrement intenses à proximité des régions actives. Des émissions se détectent également à proximité des protubérances situées hors des régions actives.

Le Soleil calme, tel qu'il apparaît sur les images en

rayons X, est presque totalement couvert par des arches peu denses et diffuses. Dans l'état actuel des techniques, le champ magnétique coronal n'est pas mesurable directement, mais la densité coronale permet de connaître sa structure. Le champ magnétique coronal à grande échelle, est indépendant à certains égards de la présence des régions actives (nous le verrons dans le chapitre consacré à la rotation du Soleil). L'extrapolation des champs magnétiques photosphériques, les observations optiques de la couronne au-dessus du bord solaire et la radioastronomie décimétrique et métrique permettent de mettre en évidence une organisation à grande échelle du champ magnétique solaire. La figure 9 montre l'aspect de la couronne solaire observée en 1984 aux longueurs d'onde métriques. Le cercle indique la position du bord optique et les courbes sont des isophotes, niveaux d'égale brillance. A l'intérieur du disque, dans l'hémisphère Sud, est indiquée en noir une région étendue plus intense, donc plus dense, que le reste du Soleil, le

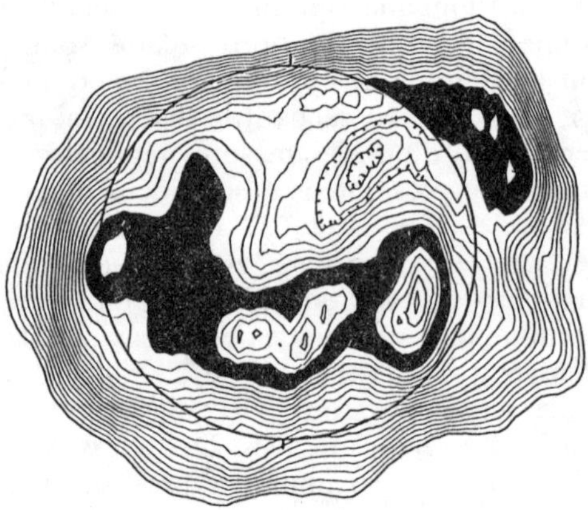

Fig. 9. — Couronne solaire observée à 169 MHz

« plateau coronal ». Les sources d'émission localisées (laissées en blanc) se situent dans cette région. La même région est visible au-dessus du bord, dans l'hémisphère Nord cette fois. Durant la période du cycle solaire figurée ici, elle oscille donc du nord au sud. Sur le disque, près du même bord mais décalé en réalité de plus de 60° en longitude, se trouve au contraire une structure dont les isophotes ont été hachurées car il s'agit d'une partie moins brillante que les régions avoisinantes. Cette région peu dense est un trou coronal. Les trous coronaux sont particulièrement bien observés en rayons X : leur température et leur densité, plus basses que celles du reste du Soleil calme les rendent peu émissifs. Ils sont souvent localisés aux pôles, mais peuvent, particulièrement durant certaines périodes du cycle, descendre jusqu'à l'équateur. La différence essentielle entre les trous coronaux et le reste de la basse couronne est l'ouverture très large de leur champ magnétique sur le milieu interplanétaire.

Les observations en lumière blanche, en éclipse ou à l'aide de coronographes, permettent d'analyser la nature de la région surdense dont nous avons parlé plus haut. Notons que les coronographes embarqués à bord de satellites peuvent observer la couronne jusqu'à plusieurs dizaines de rayons solaires. Les observations en lumière blanche sont limitées au limbe et l'identification détaillée des structures mises en évidence avec celles de la chromosphère sous-jacente est toujours ambiguë, mais elles couvrent une gamme d'altitude beaucoup plus grande que celle accessible aux rayons X et ont une résolution angulaire en latitude très supérieure à celle actuellement disponible en radioastronomie métrique et décamétrique. L'émission de la couronne en lumière blanche est, jusqu'à deux rayons solaires tout au moins, principalement due à la diffusion du rayonnement photosphérique par les électrons coronaux. Cette diffusion est indépendante de la température et son analyse permet de mesurer la densité coronale. La figure 10 est un dessin des grandes structures denses observées pendant l'éclipse totale de 1974 qui correspond à la même phase du cycle que la figure 9. On voit que la partie la plus dense, formée de jets coronaux se superposant au-dessus du limbe, correspond à deux régions situées

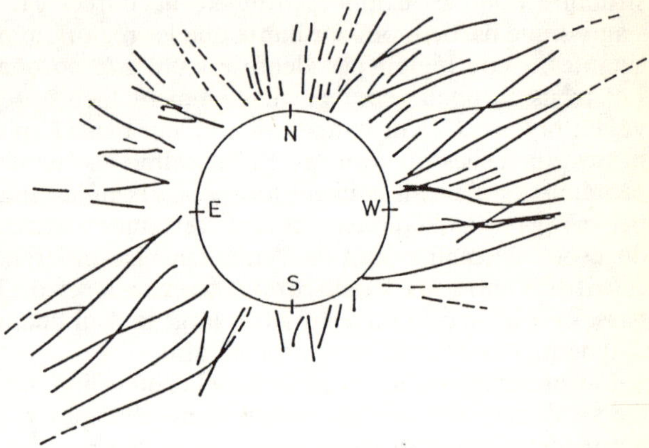

Fig. 10. — Dessin de l'éclipse de 1974

au nord-ouest et au sud-est, à l'opposé l'une de l'autre. Cette ceinture de jets couvre, en fait, toutes les longitudes et s'identifie au plateau coronal observé sur le disque. Hors éclipse, la coronographie permet de suivre l'évolution de cette région de rotation en rotation. La comparaison des observations ainsi obtenues avec l'extrapolation des champs magnétiques photosphériques montre que la ceinture de jets coronaux résulte de la simplification de la topologie des champs magnétiques coronaux avec l'altitude.

L'organisation de la couronne à grande échelle en trois composantes (ceinture de jets, trous coronaux et reste de la couronne calme) subsiste durant tout le cycle solaire avec, comme nous le verrons dans le chapitre qui lui est consacré, de profonds changements. La couronne étant l'interface entre l'atmosphère solaire et le vent solaire, sa structure détermine celle du milieu interplanétaire.

IV. — **Le vent solaire**

Le Soleil, en effet, n'est pas un système clos. La couronne se prolonge dans le milieu interplanétaire sous la forme du vent solaire. La matière est accélérée et atteint des vitesses supérieures à celle du son qui est de 170 km par seconde dans un plasma dont la température est 1 million de degrés. La distance critique à laquelle cette transition supersonique a lieu, varie avec les caractéristiques de la couronne sous-jacente. On la situe généralement à quelques rayons solaires d'altitude sans qu'il soit possible, actuellement, de la connaître expérimentalement avec précision. La perte de masse de l'étoile dans le vent solaire est faible : elle ne représente que le septième de ce que perd le Soleil par réactions thermonucléaires dans le noyau. Parmi les particules observées dans l'environnement terrestre, on détecte, à côté des protons et des électrons, des noyaux d'hélium et, en faible quantité, des noyaux plus lourds.

La matière quittant radialement le Soleil entraîne avec elle le champ magnétique. On dit le champ « gelé » dans le plasma. Les lignes de champ magnétique relient d'une part la région de la surface solaire où elles restent ancrées et d'autre part le plasma du vent solaire. Le vent solaire met plusieurs jours pour parcourir la distance du Soleil à la Terre et durant ce temps, le Soleil a tourné de 13° environ par jour. Il en résulte une structure spirale qui est illustrée par la figure 11 représentant la Terre sur son orbite, gravitant autour du Soleil.

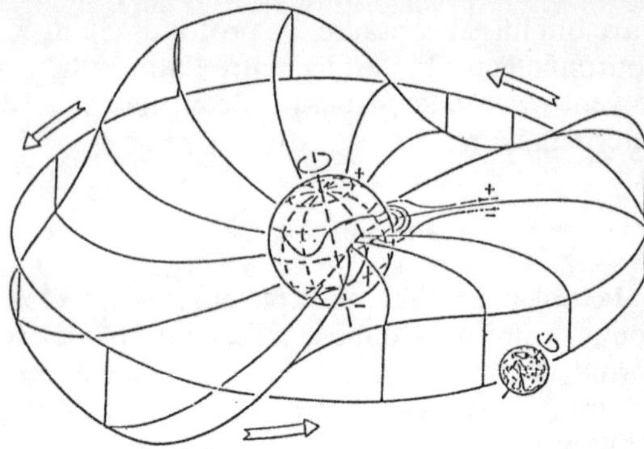

Fig. 11. — Organisation à grande échelle du milieu interplanétaire

Lorsque les boucles de champ magnétiques se sont peu à peu refermées avec l'altitude et que le champ magnétique coronal s'ouvre sur le milieu interplanétaire, une polarité magnétique devient dominante au-dessus de chaque hémisphère solaire. Le prolongement, dans le milieu interplanétaire, de la ceinture de jets coronaux sépare les deux hémisphères de polarités opposées : c'est la « lame neutre interplanétaire » qui ondule autour de l'équateur solaire comme le représente la figure 11. La Terre rencontre donc, en fonction de sa position par rapport à la lame neutre, des régions où le champ magnétique est dirigé vers le Soleil et des régions de direction opposée : les secteurs du champ magnétique interplanétaire. La configuration de la ceinture de jets coronaux et donc celle de la lame neutre interplanétaire n'évoluent que lentement. La Terre se retrouve dans des conditions assez semblables à chaque rotation solaire.

La vitesse du vent solaire mesurée au niveau de l'orbite terrestre indique l'existence de deux régimes extrêmes. L'un correspond à des vents solaires rapides dont la vitesse est de l'ordre de 700 km par seconde (soit 2 millions de kilomètres à l'heure). Il est bien établi que ces vents proviennent des régions de trous coronaux. Par contre les vents les plus lents (350 km par seconde environ) sont observés lorsque la Terre traverse la lame neutre interplanétaire, lors des changements de secteur. Pourtant l'origine exacte des vents solaires lents est actuellement mal connue, faute d'une observation suffisamment fine de la structure du champ magnétique coronal. Le vent solaire balaye tout le milieu interplanétaire. On sait maintenant qu'il se prolonge jusqu'aux confins du système solaire et se termine en interagissant avec le milieu interstellaire.

V. — **Le milieu interplanétaire**

Le vent solaire n'est pas la seule composante importante du milieu interplanétaire. Avec lui coexistent les comètes, les météorites et, de plus petite taille encore, les poussières solides qui sont, nous allons le voir, responsables d'une partie du rayonnement de la couronne solaire.

L'observation de la queue des comètes est à l'origine de la découverte du vent solaire au milieu du XXe siècle. L'existence de la queue des comètes était, bien sûr un fait ancien puisque le passage de la comète, qui sera celle de Halley, est décrit pour la première fois, douze ans avant notre ère et que celui de 1066 est illustré dans la magnifique Tapisserie de Bayeux. Nous verrons dans le dernier chapitre de ce livre les interprétations en cours au XVIIe et XIXe siècle.

Les queues de comètes sont en fait de deux sortes : la queue de plasma et la queue de poussières. La longueur de ces queues peut être considérable puisqu'elles peuvent atteindre plusieurs dizaines, voire plusieurs centaines de millions de kilomètres. Pour la comète de 1843, on estime à 300 millions de kilomètres (soit deux fois la distance du Soleil à la Terre) la longueur de la queue de poussière.

Le noyau solide d'une comète est formé de glace et de poussières. Son diamètre est de quelques kilomètres. Lorsque la comète approche du Soleil et absorbe son rayonnement, l'échauffement libère, par sublimation, des molécules et des atomes gazeux. Les molécules, qui peuvent se dissocier sous l'effet des ultraviolets solaires, et les atomes réagissent chimiquement entre eux. Par perte de leurs électrons, certains forment des ions positifs dans la tête de la comète. L'atmosphère ionisée qui entoure le noyau de la comète interagit avec le champ magnétique du vent solaire et les ions sont piégés le long des lignes de champ magnétique déformées pour former la queue de plasma. Cette queue est visible car ses ions réémettent, par fluorescence, l'énergie solaire qu'ils reçoivent.

La queue de plasma est bien structurée par les champs magnétiques, contrairement à la queue de poussières, plus diffuse. Elle est aussi sujette à des décrochements lorsque la comète traverse une frontière de secteur interplanétaire et que, le champ magnétique du vent solaire changeant de direction, les lignes de champ, qui piègent les ions, se restructurent.

Les différences morphologiques entre les deux types de queues cométaires étaient étudiées grâce à la photographie à la fin du XIXe siècle.

On prit conscience, en 1951 que l'explication en terme de pression des radiations, admise à l'époque, n'était pas suffisante et qu'il fallait finalement envisager l'existence d'un flux permanent de particules ionisées provenant du Soleil, le vent solaire. Cette conclusion a été vérifiée expérimentalement, dix ans plus tard, grâce aux premières sondes interplanétaires.

La queue de poussières, quant à elle, est formée par les particules qui sont libérées du noyau lorsque les glaces se subliment. Leur diamètre est de l'ordre du micron. Ces particules sont éjectées de la tête de la comète par la pression du rayonnement solaire. Sous l'effet des différentes forces mises en jeu (qui dépendent de la taille et de la densité des particules), la poussière se disperse dans le milieu interplanétaire. Une comète s'érode donc à chacun de ses passage près du Soleil. On estime à 2,8 10^{11} t la quantité de poussière perdue par la comète de Halley à son passage de 1910. Le milieu interplanétaire contient une masse de poussière et de micrométéorites à peu près égale à celle du vent solaire. Pour les poussières de rayon compris entre 1 micromètre et 1 millimètre, la densité est de quelques particules par kilomètre cube. La durée de vie d'une poussière interplanétaire est limitée car les particules sont freinées lorsqu'elles absorbent et réémettent la lumière solaire et elles s'approchent du Soleil irrémédiablement. L'évaporation empêche les particules de fer de subsister en deçà de 24 rayons solaires mais les particules de graphite ou de quartz peuvent atteindre 1,5 rayon solaire.

La lumière solaire qu'elles réfléchissent (dite couronne F) s'ajoute à celle diffusée par les électrons de la couronne (appelée couronne K). Les raies du spectre photosphérique sont présentes dans le rayonnement réfléchi par les poussières, tandis que l'agitation des électrons de la couronne K supprime ces raies du spectre, par effet Doppler. De plus, la couronne K est polarisée. La mesure de polarisation et celle de l'intensité des raies permettent donc aux physiciens solaires de séparer ces deux composantes.

A plus grande distance du Soleil la diffusion du rayonnement solaire produit la lumière zodiacale, émission nocturne visible à certaine périodes de l'année avant le lever ou après le coucher du Soleil. C'est, comme nous le verrons au dernier chapitre, cette émission qui, pour la première fois, a fait suspecter l'existence de matière autour du Soleil.

VI. — Le chauffage de l'atmosphère solaire

La remontée de température chromosphérique et celle, beaucoup plus grande, de la région de transition chromosphère-couronne, impliquent l'existence d'un mécanisme de chauffage de ces régions ainsi que de la couronne. Le spectre émis étant bien connu, on peut estimer l'énergie rayonnée par la chromosphère et la couronne. Ce rayonnement est faible par rapport à la luminosité solaire (il n'en représente que le dix-millième), mais de l'énergie ainsi dépensée doit être apportée à l'atmosphère par les régions sous-jacentes. Outre les pertes radiatives, la couronne perd, vers la région de transition qui est plus froide, de l'énergie par conduction thermique. Ce mode de transport, dû aux électrons, explique assez bien, nous l'avons mentionné, le profil de température de la région de transition. La couronne perd aussi, par conduction thermique, de l'énergie vers le vent solaire. Enfin, l'accélération elle-même du vent solaire nécessite un apport d'énergie. Dans les trous coronaux qui, nous l'avons vu, correspondent aux vents solaires rapides, c'est l'expansion du vent solaire qui représente la perte d'énergie la plus grande. Dans les autres régions, y compris les régions actives, perte par conduction thermique et perte radiative sont du même ordre de grandeur et l'accélération du vent solaire y est probablement négligeable.

Pendant trois décennies, des années 40 aux années 70, le chauffage de l'atmosphère solaire était généralement attribué à la dissipation dans la couronne d'ondes acoustiques venues des régions situées sous la photosphère. Les ondes peuvent en effet transporter de l'énergie d'une région à une autre. Dans la région de convection située sous la photosphère, les mouvements sont désordonnés et leur turbulence crée un bruit acoustique. Les ondes acoustiques se propagent vers l'atmosphère où, les conditions locales changeant, elles finissent par se dissiper. Les observations n'ont pas détecté ce type d'onde dans la région de transition chromosphère-couronne et l'on pense aujourd'hui que le rôle de ces ondes ne peut être important que dans la chromosphère calme.

Les régions actives émettent, à certaines longueurs d'onde, beaucoup plus de rayonnement que le Soleil calme. Elles doivent donc bénéficier d'un mécanisme de chauffage plus efficace. Dans ces régions, on connaît bien la géométrie du champ magnétique puisque des boucles denses et chaudes y sont partout observées. Comme la présence des champs magnétiques forts caractérise les régions actives, c'est un mécanisme de chauffage lié au champ magnétique qui est étudié, en particulier par dissipation d'ondes appelées « ondes d'Alfvèn ».

A côté des mécanismes stationnaires qui viennent d'être mentionnés, des modes de chauffages transitoires ont aussi été envisagés. Les éruptions des régions actives en sont un exemple. Dans le Soleil calme, on observe, en rayons X, des points brillants liés à l'émergence des petites boucles de champ magnétique créant des régions actives éphémères. On détecte dans ces régions de petits phénomènes de type éruptif. Le mécanisme de chauffage par reconnexion magnétique, qui a actuellement la faveur des physiciens solaires, sera décrit dans le chapitre consacré aux éruptions. On peut d'ailleurs envisager d'appliquer ce mécanisme, non plus d'une manière localisée, mais partout sur le disque et à toute petite échelle, puisque des champs forts, très concentrés, semblent exister dans le Soleil calme. Si l'on admet un mécanisme à sites multiples, dont l'aspect stationnaire à l'échelle des observations résulte de sa multiplicité même, une solution simple à expliquer, sinon à démontrer, est la dissipation des courants par effet Joule : la couronne serait alors chauffée comme un simple radiateur à résistance électrique ! Aux champs magnétiques, en effet, peuvent correspondre des courants électriques circulant dans le milieu ionisé qu'est la couronne. L'effet Joule apporte l'énergie nécessaire au chauffage de l'atmosphère pour peu que les structures du courant soient suffisamment petites pour rendre la dissipation efficace. Cela met en jeu des échelles bien inférieures au kilomètre, hors de portée des observations, mais les théoriciens peuvent déjà expliquer comment se forment la structure filamentaire des courants, requise par ce processus de chauffage.

On peut conclure ce chapitre sur la constatation qu'actuellement on ne sait pas quel mécanisme de chauffage est dominant dans la couronne solaire. Ce sujet, l'un des problèmes les plus lancinants de la physique solaire, suscite en tout cas un travail théorique très important, donnant l'espoir d'une solution à moyenne échéance. Les observations peuvent aussi apporter des éléments nouveaux importants mais suivre expérimentalement les théoriciens lorsqu'ils montrent l'importance des échelles de l'ordre du mètre n'est pas chose facile.

Chapitre V

L'INTÉRIEUR DU SOLEIL

I. — **Comment connaît-on l'intérieur du Soleil ?**

Les paramètres physiques, température et densité par exemple, ne sont mesurables qu'à la surface du Soleil. Il en est de même de la composition chimique qui, à l'intérieur du Soleil, est *a priori* inconnue. Partant uniquement de ces données, il serait difficile de calculer un modèle réaliste de l'intérieur du Soleil car de nombreuses solutions sont possibles. Fort heureusement, le Soleil étant une étoile parmi d'autres, on bénéficie de tous les travaux effectués sur l'évolution stellaire. La démarche employée pour étudier l'intérieur du Soleil consiste donc à calculer des séquences évolutives d'étoiles d'une masse solaire en partant de l'âge zéro qui marque le début de la combustion de l'hydrogène. Cela autorise un modèle de départ chimiquement homogène dont la composition est proche de celle que l'on observe actuellement à la surface du Soleil. En effet l'évolution de la composition chimique la plus importante, liée à la transformation de l'hydrogène en hélium, n'a concerné que le centre. On fait évoluer le modèle initial selon les lois de la physique sur une durée de 4,5 milliards d'années, l'âge du Soleil. Parmi une série de modèles calculés avec différents paramètres de départ, le modèle retenu sera celui qui représente le mieux des grandeurs actuelles, observables avec une grande précision : la masse, le rayon et la luminosité. Un bon accord semble se dégager des différents travaux sur le sujet. Les modèles standards rendent compte correctement des observations d'oscillations actuellement disponibles. Par contre, les mesures du flux de neutrinos solaires échappent encore, dans ce cadre, à toute explication définitive.

II. — **La zone convective**

Immédiatement sous la photosphère commence la zone convective. La granulation et la supergranulation sont révélatrices du mouvement des couches sous-jacentes. Une bulle de matière monte à l'intérieur du Soleil et se détend car la pression du milieu ambiant décroît avec l'altitude. Si, tout en restant en équilibre de pression la bulle a, en fin d'un petit trajet vers le haut, une densité moindre que celle de l'environnement, la poussée d'Archimède continuera à la faire monter, rien ne venant stabiliser son mouvement. Cette région est importante à étudier non seulement pour son efficacité à évacuer l'énergie vers l'extérieur, mais aussi parce qu'elle est traversée par les tubes de champ magnétique, eux-mêmes responsables de l'activité solaire et de son cycle. Dans le cas du Soleil, les modèles indiquent que c'est ce mode de transport qui domine le dernier tiers du rayon.

Plus l'échelle horizontale des cellules convectives est grande, plus profonde est leur origine. La granulation, avec des échelles de 1 000 km environ, correspond donc à une convection peu profonde tandis que les mouvements associés à la supergranulation sont issus d'instabilités que l'on localise 30 000 km sous la photosphère. On s'attend, compte tenu de la profondeur de la zone convective, à pouvoir observer, à la surface du Soleil, des cellules convectives ayant une échelle horizontale de l'ordre de 100 000 km. Les grandes structures du champ magnétique, fréquemment organisées à cette échelle, renforcent cette présomption. Les cellules géantes ont donné lieu à de nombreux essais de détection, sans que des résultats définitifs aient pu être acquis. La difficulté de cette recherche provient de la faiblesse du signal lié aux éventuelles cellules géantes et de la nécessité d'avoir d'abord « nettoyé » les observations des effets, plus marqués, dus aux autres échelles de convection et aux oscillations.

III. — La zone radiative

Dans la zone radiative le transport d'énergie se fait par absorption et réémission de photons. Située au-dessous de la zone convective, cette région semble, au vu de nos connaissances actuelles, celle dont la physique est la plus simple. Les réactions nucléaires sont principalement localisées dans sa partie centrale. A 0,35 rayon solaire (soit à 250 000 km environ du centre), la production d'énergie par réaction nucléaire est négligeable. A cette distance du centre, la température, d'après les modèles standards, est de 6 millions de degrés environ et la densité de 7 g par centimètre cube. La zone radiative se termine à 0,71 rayon solaire, par le déclenchement de l'instabilité convective. La température est alors 2 millions de degrés et la densité est 0,15 g par centimètre cube. En raison de la décroissance de la densité avec la distance au centre, la zone radiative représente 98 % de la masse du Soleil alors que la zone convective ne représente que 2 % de cette masse. Le noyau, au centre de la zone radiative, contient 70 % de la masse de l'étoile.

L'équilibre de la zone radiative est assuré par la pression gazeuse et la pression de radiation qui contrebalancent le poids des couches plus extérieures. Dans le noyau du Soleil les réactions thermonucléaires produisent, comme nous le verrons plus loin, des rayons gamma. La région, en raison de son opacité, est proche d'un corps noir. Les photons absorbés sont réémis à des longueurs d'onde de plus en plus grande au fur et à mesure qu'ils atteignent des régions de température plus basse dans leur propagation vers l'extérieur. Compte tenu de la température, le maximum du spectre reste néanmoins, dans toute cette zone, du domaine des rayons X. Comme la densité est grande, la distance que chaque photon peut parcourir est faible et ce type de transport est extrêmement lent car il met en jeu un très grand nombre d'absorptions et de réémissions. On estime à une dizaine de millions d'années le temps qu'il faut à l'énergie, dissipée au centre du Soleil, pour atteindre la surface de l'étoile. Dans le vide le même trajet serait effectué par la lumière en quelques secondes. Tout au long de son transit à travers le Soleil, l'énergie radiative continue d'être émise à des longueurs d'onde plus grandes pour finalement apparaître, à la surface, dans la partie visible et infrarouge du spectre.

IV. — La production d'énergie

Le modèle que nous décrivons ici indique une température centrale de 15,6 millions de degrés et une densité de 150 g par centimètre cube. Deux grands cycles de réactions sont capables d'effectuer efficacement la transformation d'hydrogène en hélium dans les étoiles. Le cycle proton-proton (tableau I), qui met en jeu, outre l'hydrogène et l'hélium, le lithium, le béryllium et le bore, est le plus important dans le Soleil. Il représente 98 % de l'apport d'énergie. Le cycle du carbone (tableau II), où interviennent le carbone, l'azote et l'oxygène, ne produit que les 2 % restant. La suite de réactions nucléaires est complexe, mais toutes les branches, finalement, transforment l'hydrogène en hélium. Elles produisent de plus des positrons (anti-particules des électrons), des rayons gamma énergétiques et des neutrinos. Les rayons gamma sont des ondes électromagnétiques qui fournissent sa principale source d'énergie au Soleil. Au cours des 4,5 milliards d'années passées, les modèles indiquent que la moitié de l'hydrogène présent originellement au centre de l'étoile s'est transformé en hélium. Mesurée en fraction de masse, l'abondance d'hydrogène est ainsi passée de 0,71 à 0,34 actuellement et inversement celle de l'hélium s'est accrue de 0,27 à 0,64. Les autres éléments, dont l'abondance n'a pas été foncièrement modifiée, ne représentent que 2 % de la masse totale. Le centre de l'étoile étant déjà appauvri en hydrogène, ce n'est pas là, mais à 0,1 rayon solaire environ, que se situe la région de production maximale d'énergie. La célèbre formule d'Albert Einstein, qui donne l'équivalence entre la masse et l'énergie, montre que la luminosité solaire provient de la disparition de 4,3 millions de tonnes de matière par seconde. Cela correspond à la transformation en hélium de 700 millions de tonnes d'hydrogène chaque seconde.

Tableau I. — **Cycle proton-proton**

Réaction proton-proton (« p-p »)

(1) $^{1}H + {}^{1}H \rightarrow {}^{2}H + e^{+} + \nu$

(neutrinos d'énergie 0,42 MeV maximum)

avec 1 fois sur 230 : réaction « pep »

$^{1}H + e^{-} + {}^{1}H \rightarrow {}^{2}H + \nu$ (1,44 MeV)

La réaction (1) est suivie de :

(2) $^{2}H + {}^{1}H \rightarrow {}^{3}He + \gamma$ (rayon gamma)

La réaction (2) est suivie de :

— dans 85 % des cas de :

$^{3}He + {}^{3}He \rightarrow {}^{4}He + {}^{1}H + {}^{1}H$,

— dans 15 % des cas de :

$^{3}He + {}^{4}He \rightarrow {}^{7}Be + \gamma$,

elle-même suivie de :

$$^{7}Be + e^{-} \rightarrow \begin{cases} \text{dans 90 \% des cas} \\ ^{7}Li + \nu \text{ (0,86 MeV)} \\ \text{dans 10 \% des cas} \\ ^{7}Li^{*} \text{ (noyau excité)} + \nu \text{ (0,38 MeV)} \end{cases}$$

$^{7}Li + {}^{1}H \rightarrow {}^{4}He + {}^{4}He$;

— dans 0,02 % des cas de :

$^{3}He + {}^{4}He \rightarrow {}^{7}Be + \gamma$,

$^{7}Be + {}^{1}H \rightarrow {}^{8}B + \gamma$,

$^{8}B \rightarrow {}^{8}Be^{*} + e^{+} + \nu$ (14,06 MeV maximum)

$^{8}Be^{*} \rightarrow {}^{4}He + {}^{4}He$;

— dans 0,00002 % des cas de la réaction « hep » :

$^{3}He + {}^{1}H \rightarrow {}^{4}He + e^{+} + \nu$ (18,77 MeV maximum).

Tableau II. — **Cycle du carbone (cycle de Bethe)**

$^{1}H + {}^{12}C + \rightarrow {}^{13}N + \gamma$

$^{13}N \rightarrow {}^{13}C + e^{+} + \nu$ (1,20 MeV maximum)

$^{13}C + {}^{1}H \rightarrow {}^{14}N + \gamma$

$^{14}N + {}^{1}H \rightarrow {}^{15}O + \gamma$

$^{15}O \rightarrow {}^{15}N + e^{+} + \nu$ (1,74 MeV maximum)

$^{15}N + {}^{1}H \rightarrow {}^{12}C + {}^{4}He$.

V. — Les neutrinos solaires

Les neutrinos sont des particules élémentaires de masse nulle ou très faible. Ils se déplacent à la vitesse de la lumière. Prévus en 1931, ils n'ont été détectés en laboratoire que vingt-cinq ans plus tard. Plusieurs des réactions nucléaires du Soleil en produisent et ils représentent environ 2 % de l'énergie totale libérée. Les neutrinos peuvent traverser tout l'intérieur du Soleil presque sans interaction avec la matière (un seul sur 100 milliards est arrêté ou défléchi durant ce trajet).

Suivant la réaction considérée l'énergie des neutrinos émis est variable (tableaux I et II). Sauf dans le cas de la réaction « pep » et de l'absorption d'un électron par le béryllium, les neutrinos n'ont pas une énergie précise mais couvrent tout un spectre d'énergies dont la valeur maximale est donnée en millions d'électrons-volts. On remarque ainsi que certaines réactions, comme la désintégration du bore ou la réaction « hep », créent des neutrinos d'énergie supérieure à 10 MeV ; les autres neutrinos correspondent à une énergie de l'ordre de 1 MeV ou moins. Le spectre des neutrinos apporte ainsi des informations directes sur le taux des différentes réactions. Encore faut-il les détecter, ce qui n'est pas aisé en raison même de leur faible interaction avec la matière. Les expériences ont d'abord détecté les neutrinos les plus énergétiques. Plus récemment, d'autres appareils ont permis d'étendre le spectre observé. La première expérience faite sur les neutrinos solaires l'a été aux Etats-Unis. Elle utilise une cuve de 380 000 l d'un dérivé du chlore, le perchloréthylène. L'analyse du contenu de la cuve permet de détecter les quelques atomes d'argon apparus sous l'effet des neutrinos. Pour éviter les réactions parasites dues aux rayons cosmiques, le laboratoire est installé dans les profondeurs d'une mine du Dakota du Sud, à 1 500 m sous terre. L'unité employée pour quantifier le flux de neutrinos détectés à la Terre est le SNU *(solar neutrino units)*. Pour un flux de neutrinos solaires de 1 SNU, un atome de chlore devra en moyenne attendre la capture d'un neutrino 3 10^{28} ans (des milliards de fois l'âge de l'Univers). On comprend qu'il faille disposer d'un très grand nombre d'atomes de chlore pour espérer détecter ces interactions. Les modèles standards prévoient qu'un taux de capture de 8 SNU doit être détecté avec la méthode basée sur le chlore. Or les détecteurs ne mesurent qu'un taux de 2,3 ± 0,7 SNU. L'écart est donc considérable et le déficit est confirmé par d'autres mesures, japonaises celles-là, utilisant l'eau naturelle et une technique totalement différente.

Le problème des neutrinos solaires a suscité un nombre important de travaux. Certains ont réexaminé la théorie des neutrinos. D'autres ont envisagé la variation, au cours du temps, de constantes fondamentales de la physique. Les réactions nucléaires en jeu ont été réanalysées. Toutes les hypothèses faites lors de la construction des modèles de l'intérieur solaire ont évidemment été rediscutées. On se contentera ici de mentionner quelques points particulièrement étudiés dans l'espoir de résoudre le problème des neutrinos.

La production de neutrinos serait diminuée si la température du noyau solaire était plus basse que celle calculée par les modèles standards. Un noyau solaire en rotation rapide ou la présence d'un champ magnétique important pourraient conduire à une diminution de cette température en maintenant la pression nécessaire à l'équilibre de l'étoile. Un mélange des différentes couches du noyau aurait le même effet en réduisant le poids moléculaire moyen. La production de neutrinos serait aussi réduite si la composition en éléments lourds du noyau était inférieure à celle observée à la surface. Cela résulterait d'un enrichissement relativement récent des couches superficielles par l'apport de matière extérieure : chutes de comètes, d'astéroïdes ou traversée d'un nuage interstellaire. Mais aucun de ces travaux n'a convaincu de la nécessité de revoir la théorie de l'évolution stellaire. Les modifications proposées suscitent, en effet, l'apparition de problèmes qui n'existaient pas dans la théorie standard.

Un effet ne nécessitant pas de modification du modèle solaire semble, par contre, pouvoir donner la clef du problème. Les neutrinos détectés avec les expériences actuelles sont les neutrinos électroniques. Rappelons d'abord que la théorie classe les particules élémentaires de la matière en trois familles : celle de l'électron, celle du muon et celle du tau. A côté de la particule générique, on trouve dans chaque famille deux quarks et un neutrino spécifique. Les réactions nucléaires du noyau solaire créent des neutrinos électroniques mais ces derniers pourraient se transformer en neutrinos des autres types, muoniques et tauiques, lors de leur traversée du Soleil, par interaction avec la matière. Cette hypothèse élégante pourra, dans un avenir proche, être testée par la mise en œuvre de nouveaux types de détecteurs utilisant l'eau lourde, sensibles aux neutrinos muoniques et tauiques.

La mesure précise du spectre d'énergie des neutrinos électroniques (avec des détecteurs à base de gallium) permettra bientôt d'étudier directement les neutrinos moins énergétiques provenant de la réaction (1) proton-proton qui fournit au Soleil la plus grande part de son énergie.

Chapitre VI

LA ROTATION DU SOLEIL

I. — La rotation des taches

L'étude des étoiles plus jeunes que le Soleil montre que la rotation tend à se ralentir avec le temps. Des vitesses de 25 km par seconde sont mesurées à la surface des étoiles T Tauri de même masse que le Soleil et de diamètre 2,5 fois supérieur. En comparaison, la vitesse de rotation du Soleil, de 2 km par seconde, est lente. Le ralentissement s'explique par le freinage que les champs magnétiques ont fait subir au Soleil durant son évolution.

Les premières mesures de rotation du Soleil ont été faites lorsque la lunette astronomique a permis, au XVIIe siècle, de suivre systématiquement le déplacement des taches sur le disque. Méthode toujours utilisée, elle fournit, aujourd'hui, une grande précision grâce à l'emploi de la photographie ou de l'électronique et de l'informatique pour analyser les données. Au XIXe siècle, il est apparu que le Soleil ne tourne pas comme un corps solide et que la vitesse des taches situées à haute latitude est plus faible que celle des taches plus proches de l'équateur. C'est un phénomène général appelé rotation différentielle. Vu de la Terre (rotation synodique) une tache équatoriale tourne en moins de 27 jours et une tache située à 40° de latitude tourne en 29 jours. Une valeur de la rotation synodique, définie par R. Carrington au siècle dernier et égale à 27,2753 jours, a été adoptée pour fixer un système global de coordonnées, toujours utilisé. La première rotation de Carrington débute le 9 novembre 1853 et le 15 mars 1988, on entamait la rotation n° 1800. La vitesse de rotation de Carrington correspond à peu près à celle des taches situées à 16° de latitude. Par rapport à ces taches et après une rotation solaire, les taches équatoriales ont en moyenne 5° d'avance et les taches situées à 35° de latitude, 15° de retard.

Les taches apparaissent principalement à des zones de latitudes comprises entre l'équateur et 40° (courbe 1, fig. 12). Pour étudier la rotation à plus haute latitude, il faut faire appel à d'autres traceurs : les filaments ont été l'objet d'études précises, car ils sont, nous l'avons vu, souvent stables sur plusieurs rotations. On trouve alors une loi de rotation sensiblement différente que l'on peut observer jusqu'à 65° de latitude. Les filaments tournent, à latitude égale, plus rapidement que les taches. Taches

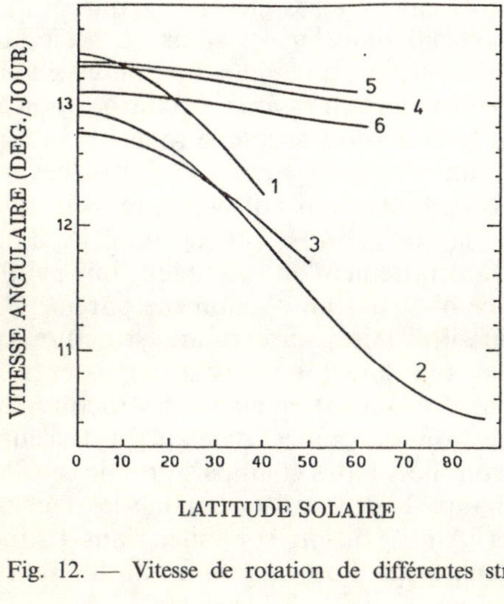

Fig. 12. — Vitesse de rotation de différentes structures

et protubérances sont des structures créées par les champs magnétiques, mais les champs ne sont pas tout à fait identiques dans les deux cas : ils sont forts dans le cas des taches et plus faibles pour les filaments qui sont situés, rappelons-le, près de lignes d'inversion du champ magnétique longitudinal. On peut admettre qu'ancrés sous la photosphère à des profondeurs différentes, ils ne suivent pas les déplacements de la même région.

II. — Le gaz et les champs magnétiques à grande échelle

Quand, au lieu de structures directement liées aux champs magnétiques, on détermine la rotation du gaz en mesurant, près du bord, le déplacement Doppler des raies ou en utilisant des méthodes statistiques, on trouve une rotation plus lente que celle des champs magnétiques. Ceci semble rester vrai que la mesure soit faite au niveau photosphérique (courbe 2) ou au niveau coronal (courbe 3). Mais ce n'est là que le début des surprises : en effet si l'on observe la rotation des trous coronaux en rayons X (courbe 4) ou celle des jets dans la raie verte coronale (courbe 5), on trouve une rotation plus lente que celle des taches à l'équateur, mais surtout une rotation différentielle quasiment absente : la rotation est proche de celle d'un corps rigide. Contrairement à ce que l'on peut penser *a priori,* ce n'est pas un phénomène purement coronal car des mesures faites sur certaines structures chromosphériques ont une loi de rotation assez semblable (courbe 6). Ce qui différencie ces structures chromosphériques ou coronales des autres traceurs, c'est qu'elles sont liées à des champs à grande échelle et non à des champs bien localisés comme les taches ou les filaments. Ainsi voit-on cohabiter dans l'atmosphère solaire deux types d'objets tout à fait différents liés au champ magnétique, tous deux tournant plus vite que le gaz qui les entoure.

La résolution de ce puzzle viendra certainement dans quelques années d'une meilleure compréhension de l'origine des champs magnétiques solaires. Pour ce faire, il est un préalable indispensable : la mesure de la rotation interne de l'étoile.

III. — La rotation de l'intérieur solaire

La rotation interne du Soleil est probablement le sujet de recherche qui, en physique solaire, a fait les progrès les plus étonnants ces toutes dernières années. Son étude est basée sur la sismologie. Dans le Soleil en rotation les modes oscillatoires dont nous avons parlé plus haut se séparent en composantes liées, non pas à la vitesse de surface, mais à celle des modes eux-mêmes. Or nous avons vu que les modes oscillatoires à grande échelle horizontale proviennent de régions profondes de l'intérieur du Soleil. Une mesure des composantes permet donc de connaître la vitesse de rotation interne de l'étoile. En 1985, cela permettait de sonder jusqu'à une profondeur de 50 000 km sous la photosphère et encore les marges d'erreur sur la vitesse de rotation étaient-elles assez grandes. Cinq ans plus tard, on pouvait atteindre la moitié du rayon solaire (350 000 km de profondeur) avec des erreurs relatives beaucoup plus faibles, de l'ordre de 10 %.

Voyons d'abord ce qui se passe à l'équateur. Partant, à la surface, d'une rotation correspondant à une période de 27,7 jours, on atteint d'abord un maximum de la vitesse à environ 50 000 km sous la photosphère. La période à ce niveau serait de 26,6 jours. Cela explique pourquoi la rotation des structures de la supergranulation est de 2 % plus rapide que la rotation de la surface. Nous savons que les échelles horizontales de la supergranulation sont de 30 000 km environ, ce qui laisse supposer une échelle verticale du même ordre. Plus profondément, la vitesse décroît assez régulièrement. Les structures magnétiques comme les taches seraient ancrées dans cette région de décroissance : on mesure de fait une rotation plus rapide pour les petites taches, qui sont ancrées moins profondément, que pour les grandes. Les petites tournent en 26,7 jours, les taches moyennes en 26,9 jours et les grandes en 27,2 jours environ. Plus bas dans la zone convective puis dans la zone radiative, la vitesse de rotation continue à décroître. La période serait environ 29 jours à 0,5 rayon solaire. Dans la région centrale les sondages les plus profonds suggèrent, d'une manière encore préliminaire, une vitesse beaucoup plus grande qui serait de 3 à 5 fois celle de la surface. Cette région tournerait en 8 jours seulement.

Si maintenant, au lieu de la vitesse près de l'équateur solaire, on considère la variation de la vitesse avec la latitude, on déduit des mesures actuelles que la rotation différentielle, qui représente un ralentissement d'environ 20 % de l'équateur vers les régions de haute latitude, se maintient, en profondeur à travers toute la zone convective. Par contre la zone radiative tournerait rigidement, c'est-à-dire sans rotation différentielle. A la frontière entre ces deux régimes de rotation, une région d'épaisseur faible (de 0,1 rayon solaire peut-être), ferait la transition entre la zone convective et la zone radiative. En raison même de sa faible épaisseur, cette région n'est pas observable pour le moment.

Chapitre VII

LE CYCLE SOLAIRE

I. — Le cycle des taches

Bien que les premières observations précises de taches datent de 1610, il faut attendre le milieu du siècle suivant pour disposer d'observations assez régulières et pour qu'un nombre moyen de taches puisse être calculé mensuellement avec précision. Pour cette période certains jours d'observation manquent encore. Une série ininterrompue de valeurs quotidiennes n'est disponible qu'à partir de 1849. Vers cette époque R. Wolf définit un indice noté R, le nombre relatif de taches, qui permet d'avoir une vue synthétique de toutes les observations précédentes. Cet indice est égal au nombre de groupes de taches, affecté d'un coefficient 10, auquel est ajouté le nombre total de taches visibles sur le disque. Les observations étant effectuées avec des instruments très différents, un facteur de pondération est introduit. Il n'est pas rare que l'on compte 50 pores ou taches dans un centre actif. La définition de l'indice des taches semble *a priori* bien arbitraire mais les travaux postérieurs ont montré que l'indice défini par R. Wolf représente assez bien la surface tachée observable sur le Soleil. L'activité solaire est très variable à courte échelle de temps. D'une part, les taches peuvent ne durer que de quelques jours. D'autre part, l'activité apparaît à des longitudes privilégiées et un hémisphère calme peut alterner avec un hémisphère beaucoup plus actif créant ainsi une forte modulation à la période, approximativement mensuelle, de la rotation du Soleil. Aussi la régularité à long terme de l'activité solaire n'apparaît-elle clairement que lorsqu'une moyenne des indices est calculée sur environ un an : on définit de fait un indice R_{12} basé sur les moyennes mensuelles de l'indice des taches (il s'agit d'une moyenne glissante sur 13 mois dont le premier et dernier mois n'ont qu'un poids de un demi). L'indice des taches met alors en évidence un cycle d'activité de l'1 ans en moyenne. La durée du cycle peut varier, en fait, de 9 à 13 ans et demi. L'indice défini par Wolf permet de bien suivre l'activité solaire des taches sur une vingtaine de cycles. Le cycle numéroté 1 correspond aux années 1755-1766.

Les cycles solaires ont, en moyenne, un indice R_{12} maximum de 112, une montée d'environ 4 ans et une décroissance de 7 ans. L'amplitude est très variable d'un cycle à l'autre, l'indice maximum pouvant aller de 50 à 200. Ces variations d'amplitude ne sont certainement pas dues au hasard car les cycles faibles et les cycles forts sont groupés entre eux. La seconde moitié du XXe siècle aura vu des cycles particulièrement forts. Le cycle 19 dont le maximum a eu lieu en 1958, a été le plus intense de tous les cycles observés. Viennent ensuite les cycles 21 (maximum en 1980) et 22 (maximum en 1989) qui, avec un maximum de l'ordre de 160, sont bien au-dessus de la moyenne générale indiquée plus haut. Le cycle 20, qui au regard de ses voisins paraît faible (fig. 13), est, de fait, un cycle proche du cycle moyen.

On sait depuis longtemps que le magnétisme solaire a un cycle d'une durée d'environ 22 ans, double de la durée de celui du nombre de taches. Dans les groupes bipolaires, en effet, la polarité des taches de tête et celle des taches de queue, opposées dans l'hémisphère Nord et dans l'hémisphère Sud, restent identiques durant un cycle. Cette loi s'inverse d'un cycle au suivant et deux cycles de 11 ans sont nécessaires pour retrouver la configuration initiale.

Les observateurs de taches solaires remarquent, à certaines périodes, une dissymétrie marquée entre l'hémisphère Nord et l'hémisphère Sud. L'un des hémisphères

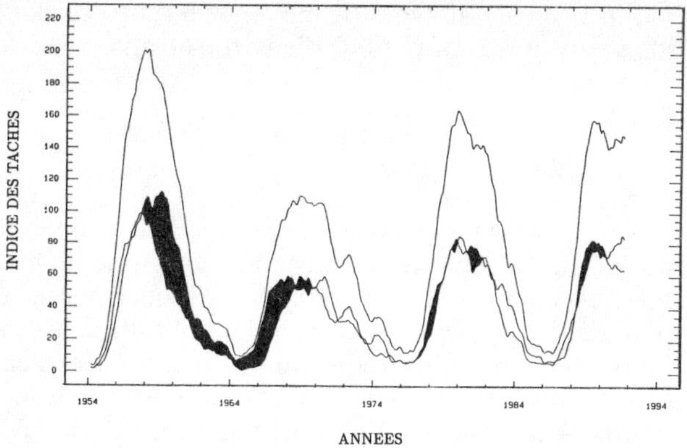

Fig. 13. — Cycle solaire et contributions nord et sud

est beaucoup plus actif que l'autre. Si les maxima des deux hémisphères n'ont pas lieu au même moment, on peut se demander si cela n'expliquerait pas les différences d'amplitude d'un cycle à l'autre, les cycles forts correspondant alors aux hémisphères en conjonction. La figure 13 permet de répondre, par la négative, à cette question. Elle représente l'indice de taches global et celui de chaque hémisphère à partir du cycle 19 (1954-1964). Quand l'activité Nord domine, la différence entre hémisphères a été indiquée en noir. On voit d'abord que pour certains cycles, comme les cycles 19 et 20, la différence est très marquée et dure une grande partie du cycle. L'écart en temps entre les maxima du Nord et du Sud peut atteindre ou dépasser 2 ans. On voit aussi que les deux hémisphères suivent sensiblement des cycles de même amplitude répondant ainsi à la question posée précédemment : l'amplitude totale est bien une caractéristique de chaque cycle et elle n'est pas liée à la simultanéité des maxima hémisphériques. Une étude plus détaillée des écarts entre les deux hémisphères semble indiquer que la dissymétrie moyenne n'est pas aléatoire mais varie avec une période d'environ 80 ans.

II. — Les variations à long terme du cycle solaire

Nous avons vu précédemment que la seconde moitié du XXe siècle aura été marquée par une série de cycles solaires intenses. Il est naturel de rechercher si des périodes à long terme modulent l'amplitude des cycles. La périodicité la plus fréquemment mentionnée, d'environ 88 ans, est dite « périodicité de Gleissberg ». La figure 14 représente, superposée aux indices de taches annuels observés depuis 1700, une sinusoïde d'une période de 88 ans. On voit que, si les deux tracés ont quelque ressemblance, les écarts sont parfois très importants. On constate en particulier que les deux derniers

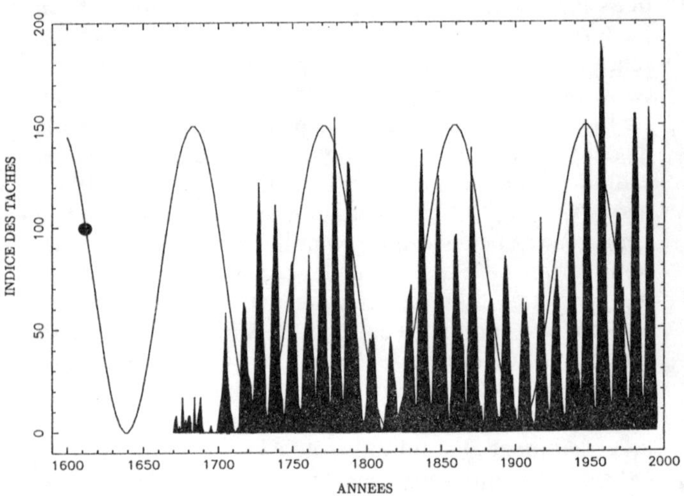

Fig. 14. — Cycles solaires comparés à une périodicité de 88 ans

cycles observés, très forts, coïncident avec un minimum de la sinusoïde. Sans éliminer la possibilité de périodicités à long terme, cela illustre la difficulté, avec des observations ne portant que sur 300 ans, de démontrer l'existence de périodicités stables et *a fortiori* de déterminer, à partir des seules observations directes du Soleil et avec une certaine précision, leur durée. Par contre, il y a fort à parier que les informations obtenues à l'aide des mesures isotopiques (comme celles du carbone 14 et du béryllium 10) permettront de prolonger vers le passé la connaissance que nous avons de l'activité solaire. Nous en reparlerons au chapitre concernant les relations Soleil-Terre.

Le premier cycle pour lequel un indice de tache annuel a pu être déterminé est le cycle allant de 1700 à 1711. Juste avant ce cycle, se situe la période dite du « minimum de Maunder ». Son début se situe entre 1645 et 1671. Cette date est mal connue car très peu d'observations ont été faites au cours des années du début de la seconde moitié du XVIIe siècle. Par contre, à la suite de la fondation des observatoires de Paris et Greenwich, la surveillance du Soleil est bien meilleure durant les années 1671 à 1700. Il paraît maintenant acquis que très peu de taches ont existé sur le Soleil durant cette période. Pour les années entre 1689 et 1699 en particulier, c'est-à-dire sur 11 ans, une analyse des textes historiques montre que les observations ont été régulières et que quelques taches seulement ont été répertoriées. Sur la figure 14 nous avons indiqué une estimation très approximative que l'on peut faire pour la période 1671-1700, par comparaison au cycle 1700-1711. On a également indiqué sur la figure un point, bien déterminé à partir des observations de Galilée en 1612, mais portant sur 2 mois seulement : il montre, ce que confirment les autres sources de 1610 à 1645, que les taches ne sont pas rares à cette époque qui voyait les premières observations avec la lunette astronomique. Que s'est-il passé pendant la période d'au moins 30 ans durant laquelle l'activité des taches a été très faible ? Certains ont pensé que l'on avait affaire, avec le Soleil, à un oscillateur chaotique, domaine séduisant des mathématiques et de la physique, bien étudié ces vingt dernières années[1]. Dans ce cas, les oscillations peuvent disparaître, sans qu'il soit possible de prévoir quand cela va arriver, pour réapparaître plus tard. Il est certainement trop tôt pour conclure à cet égard, car d'autres explications sont possibles. Là aussi, des données plus longues, fournies par les analyses isotopiques, seront les bienvenues.

III. — Le cycle du rayonnement électromagnétique

Le cycle solaire, tel qu'il est mesuré par le décompte du nombre de taches, se retrouve évidemment très marqué dans les domaines de longueurs d'onde où l'émission des régions actives joue un rôle important. C'est le cas des rayons X, des ultraviolets et des ondes radiocentimétriques et décimétriques. A ces longueurs d'onde il existe en permanence un flux minimum dû au Soleil calme, mais en période de maximum du cycle, le flux peut être plus que doublé. Le flux supplémentaire suit approximativement l'indice du nombre de taches. On a défini un indice d'activité par la mesure du flux émis en radio à 10,7 cm de longueur d'onde. Observé régulièrement à partir de 1946, début de la radioastronomie, cet indice sert particulièrement dans le domaine des relations Soleil-Terre car il remplace assez bien le flux ultraviolet tout en étant plus facile à mesurer que ce dernier. On notera pourtant que suivant les longueurs d'onde considérées, des variations de plusieurs mois peuvent apparaître sur les dates des maxima de cycle.

1. J. Gleick, *La théorie du chaos,* Paris, Albin Michel, 1989.

A l'inverse, les domaines dans lesquels le Soleil rayonne le plus, visible et proche infrarouge, sont peu modifiés par l'activité solaire et le flux total que nous recevons du Soleil varie très peu avec le cycle : des mesures très précises, faites à bord de satellites, montrent que le flux total reçu au niveau de l'orbite terrestre, est de 1 368 W par mètre carré perpendiculaire à la direction du Soleil. Les observations faites durant le maximum du cycle 21 en 1980 ont donné une valeur de 1 369,5 W par mètre carré tandis que celle du minimum de 1986 est de 1 367,0 W par mètre carré. La précision des mesures étant bien supérieure à cette variation. L'énergie reçue à une unité astronomique varie donc de moins de 2 millièmes au cours d'un cycle, justifiant somme toute son nom traditionnel de « constante solaire ». Pour préciser les raisons de cette variation, il faut aller un peu plus loin car les taches solaires étant plus sombres que le reste de la photosphère, on pourrait s'attendre à une variation inverse : les taches sombres étant plus nombreuses, par définition, durant le maximum du cycle le flux reçu serait plus faible durant cette période. Les variations à long terme sont en fait déduites d'observations quotidiennes. Compte tenu du très grand nombre des observations, on peut statistiquement déterminer la contribution des taches aux variations à court terme (du jour aux mois) de l'énergie reçue. Les régions actives, dont la présence peut faire décroître de quelques millièmes le flux total, expliquent la plus grande part des variations observées de jour en jour durant le maximum et une grande partie des variations durant le minimum du cycle. Les facules, toujours présentes dans les régions actives, contrebalancent approximativement le déficit de luminosité dû aux taches elles-mêmes. Des variations liées au réseau chromosphérique pourraient jouer un rôle dans les variations à plus long terme de l'énergie totale. Les modulations de longue période, telle celle mesurée au cours du cycle de 11 ans, semblent liées à des variations de fréquence des modes d'oscillation globale du Soleil. Elles seraient un effet de variations globales de la luminosité. Dans ce cas, elles ne sont pas liées aux taches et cela expliquerait pourquoi la variation observée au cours du cycle joue en sens inverse de celui attendu *a priori*.

IV. — Les migrations

L'étude de la position des taches sur le disque solaire met en évidence un effet en latitude qui est important pour la compréhension de l'origine du cycle. Les taches n'apparaissent pas uniformément à la surface du Soleil : elles sont localisées à des latitudes dépendant de la phase du cycle solaire. Les premières taches d'un cycle apparaissent à haute latitude (50°). Au fur et à mesure de l'évolution du cycle, les nouvelles taches émergent à des latitudes de plus en plus basses et elles apparaissent vers 10° en fin de cycle. Peut-on observer l'équivalent de la migration des taches avec d'autres traceurs ? Les mesures sont plus difficiles, mais des observations faites dans la raie verte de la couronne indiquent que quatre ans avant le début du cycle de taches, les jets coronaux sont à une latitude de 70°. Dans les années qui suivent, ils apparaissent à latitude plus basse et une continuité semble exister entre leur dérive en latitude, ou migration, et celle des taches. Notons de plus qu'une autre branche de la migration des jets coronaux semble, au contraire, partant de la latitude 70° mentionnée plus haut, remonter vers les pôles.

L'étude de la polarité magnétique des petites régions actives éphémères situées à hautes latitudes indique qu'elles sont annonciatrices du cycle suivant, plusieurs années avant que ne se termine le cycle officiellement en cours. Enfin l'intensité des champs magnétiques à haute latitude, estimée durant la phase de décroissance d'un cycle de taches, permet même de prévoir, dans une certaine mesure, l'amplitude du maximum du cycle de taches à venir. C'est d'ailleurs actuellement l'une des meilleures méthodes disponibles pour prévoir le maximum d'un cycle des années à l'avance. Cela veut dire que les champs magnétiques des taches d'un cycle sont liés aux champs à haute latitude du cycle qui le précède.

Ces résultats ont convaincu une partie de la communauté des physiciens solaires de l'existence d'une migration, d'une durée de 18 à 22 ans, qui commence à haute latitude avant même que le cycle de taches en cours n'atteigne son maximum. Les migrations étant imbriquées ainsi les unes dans les autres, le cycle des taches ne serait indicatif que de la phase finale d'un phénomène plus global.

V. — **Cycle du champ magnétique à grande échelle**

Nous avons vu que les études de la couronne dans le domaine visible et celles effectuées en radioastronomie mettent en évidence une région dense, la ceinture des jets coronaux. Cette région est liée, avons nous dit, aux champs magnétiques à grande échelle. Voyons d'abord comment on peut les déterminer. L'amplitude, selon la ligne de visée, des champs photosphériques longitudinaux est d'abord mesurée (volontairement) avec une faible résolution spatiale qui est de 3′ d'arc pour l'instrument dont nous allons présenter les résultats. A partir de ces observations on calcule comment ces champs s'extrapolent à 2,5 rayons solaires. Une carte est ainsi obtenue, qui donne, en fonction de la longitude et de la latitude, l'intensité du champ à cette distance du centre du Soleil. Pour représenter toute une rotation solaire, on utilise une projection de Mercator semblable à celle de nos planisphères habituels. Notons que ces cartes, que l'on appelle « cartes synoptiques » ne se justifient

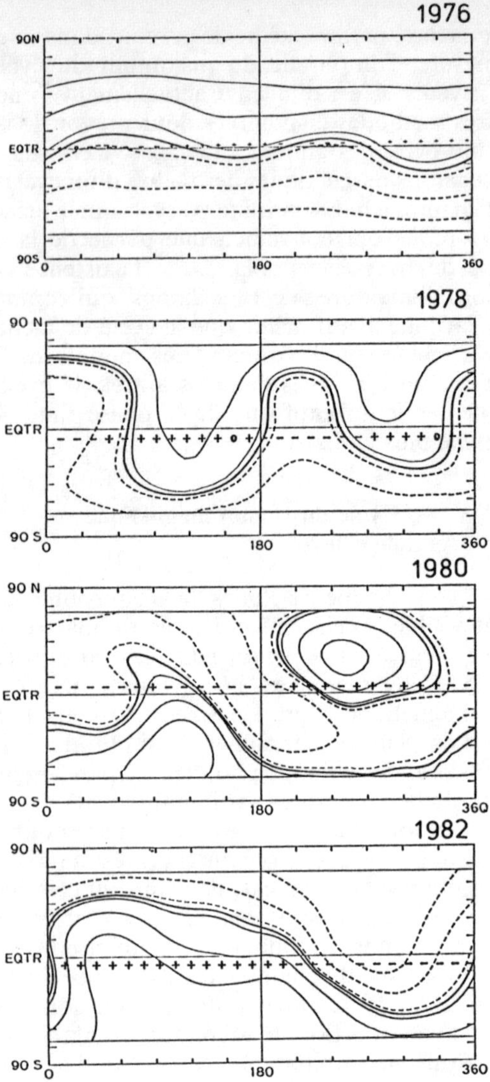

Fig. 15. — Cycle du champ magnétique coronal à grande échelle

que pour des phénomènes évoluant lentement, puisque l'aspect temporel à l'échelle de quelques jours n'est pas pris en compte. La figure 15 représente quatre de ces cartes obtenues à différentes périodes du cycle des taches. La première correspond à une couronne proche du minimum, en 1976. Chaque courbe représente une intensité particulière du champ magnétique. La courbe en trait fort ondulant autour de l'équateur est la ligne neutre où le champ est nul. Les autres courbes correspondent à un champ magnétique dont l'amplitude croît quand on s'éloigne de la ligne neutre. Les tracés en trait plein indiquent les champs de polarité magnétique nord, ici dans l'hémisphère Nord du Soleil. Celles de l'hémisphère Sud sont, durant cette période, de polarité sud. La seconde carte, obtenue en 1978, durant la montée du cycle, met bien en évidence l'oscillation en latitude de la ligne neutre. La suivante, correspondant au maximum d'activité des taches en 1980, est totalement différente des précédentes car la ligne neutre n'est plus unique. Celle vue précédemment s'est refermée en haut à droite de la figure comme le montre l'examen des polarités magnétiques. Une autre, inversée, est apparue et couvre toutes les longitudes. On comprend ainsi comment se passe l'inversion du champ magnétique solaire à grande échelle : durant les mois précédents, la ligne de polarités inversées est apparue et a pris peu à peu de l'importance, tandis que celle que nous avions suivi pendant la montée du cycle des taches perdait la sienne. Cette dernière disparaît définitivement au cours des rotations suivantes. Remarquons que l'inversion du champ magnétique à grande échelle a lieu durant le maximum d'un cycle et non, comme pour les champs à petite échelle spatiale des taches solaires, au moment du changement de cycle. La dernière carte montre la situation durant la décroissance du cycle des taches, en 1982 : l'hémisphère Nord a maintenant la polarité magnétique sud et *vice versa.* La ligne neutre oscille à nouveau régulièrement en latitude et l'on remarque ici qu'il n'y a qu'une seule oscillation alors que sur la carte de montée du cycle, deux étaient présentes. Rappelons-nous maintenant ce que montrait la carte de la couronne faite aux longueurs d'onde métriques (fig. 9) : une lame neutre, région dense, que nous avons appelée « plateau coronal », oscillant d'un hémisphère à l'autre, une région intermédiaire et un trou coronal peu dense. Les trous coronaux occupent, sur la dernière des cartes de champ magnétique, une partie des deux régions de champs forts qui, dans l'hémisphère Nord à droite, et dans l'hémisphère Sud à gauche, vont couper l'équateur solaire. Durant la période de décroissance du cycle, les trous coronaux sont particulièrement développés et stables. Partant des pôles, ils descendent souvent au-delà de l'équateur. La lame neutre interplanétaire, issue de la ceinture de jets coronaux, se déforme au cours du cycle solaire et nous verrons dans le chapitre consacré aux relations Soleil-Terre, les conséquences du cycle coronal dont nous venons de parler.

VI. — **L'origine du cycle solaire**

Tous les phénomènes du cycle solaire sont l'indice, en surface, de l'évolution du champ magnétique des régions sous-jacentes. La création de composantes oscillantes du champ magnétique solaire est liée au phénomène appelé « effet dynamo ». Dans une dynamo classique, un cadre conducteur, tournant dans un champ magnétique extérieur, transforme l'énergie mécanique en courant électrique. Avec une dynamo comportant un axe portant lui-même un disque conducteur en rotation et une bobine fixe enroulée autour de l'axe (la bobine est connectée d'une part à la périphérie du disque et d'autre part à l'axe), on peut créer un courant électrique et un champ magnétique sans qu'un aimant extérieur soit nécessaire. Le phénomène important dans ce cas est la rotation différentielle entre le disque et la bobine. Si l'on remplace les conducteurs solides de la dynamo précédente par un plasma conducteur en mouvement avec une rotation différentielle, on conçoit qu'une étoile puisse voir son champ magnétique modifié. Les théories de la dynamo solaire, qui sont beaucoup plus complexes que l'analogie décrite ci-dessus, permettent d'expliquer l'oscillation du champ, le renversement de polarité du champ magnétique du cycle de 22 ans et la migration des taches en latitude. On admet actuellement que la dynamo solaire se situe à la base de la zone convective. Le lecteur se rappellera que c'est dans cette région que l'on situe le passage d'une rotation rigide (propre au noyau et à la zone radiative) à la rotation différentielle de la zone convective. C'est un facteur favorable au fonctionnement d'un effet dynamo efficace.

La rotation différentielle est un ingrédient important des théories de la dynamo solaire. Le maintien de la rotation solaire telle qu'elle est observée, avec un équateur en rotation plus rapide que celle des régions polaires, nécessite un transfert d'énergie des pôles vers l'équateur. Pour expliquer ce transfert, des modèles très différents de circulation générale de la zone convective ont été proposés. Certains semblent d'ores et déjà avoir été éliminés, car ils ne sont pas compatibles avec les mesures des oscillations. On peut attendre des mesures de la rotation interne d'autres contraintes relatives à ce problème.

On doit constater qu'un accord n'existe pas actuellement sur les détails du mécanisme de la dynamo solaire. Un travail théorique important, des simulations numériques et une analyse expérimentale de la structure interne du Soleil restent à faire pour préciser ce mécanisme et mieux comprendre, finalement, les règles qui régissent l'activité solaire.

Chapitre VIII

QUE SONT LES ÉRUPTIONS SOLAIRES ?

I. — L'origine des éruptions solaires

Bien qu'aucune technique ne permette actuellement de mesurer directement le champ magnétique coronal dans son ensemble, sa structure au-dessus des taches est connue car les régions actives, observées en ultraviolet et en rayons X, sont formées de boucles. Les modèles d'éruption sont basés sur cette géométrie. La théorie montre cependant que les phénomènes déclenchant les éruptions peuvent être localisés dans des régions de dimension inférieure au kilomètre. Il est donc actuellement exclu de pouvoir observer directement la région concernée. L'analyse théorique et les expériences de laboratoire sont donc essentielles dans ce domaine.

Le déclenchement de l'éruption se situe dans la couronne mais les boucles de champ magnétique ont leurs pieds ancrés dans la photosphère : chaque tache, dans une région active, a un mouvement propre et ces mouvements photosphériques déforment le champ magnétique coronal. La rotation des pieds est particulièrement efficace pour stocker de l'énergie magnétique dans un tube de flux. Il suffit alors qu'une instabilité locale se développe pour que le champ magnétique coronal retourne à une configuration plus simple en libérant brusquement l'énergie magnétique qu'il avait accumulée. On invoque fréquemment pour expliquer le déclenchement d'une éruption, le mécanisme de reconnexion de champs magnétiques : lorsque des lignes de champ de sens opposé approchent les unes des autres, elles se réorganisent (se reconnectent) différemment. La figure 16 donne un schéma très simpliste du phénomène éruptif. Une boucle, au départ de configuration simple, a évolué en stockant de l'énergie. L'émergence d'une boucle de polarité opposée crée les conditions de l'instabilité qui déclenche l'éruption et réorganise le champ magnétique. Des anomalies magnétiques de cette sorte, dites « polarités parasites », sont effectivement observées et on a pu montrer qu'elles représentent un bon critère pour prévoir les éruptions. La réorganisation du champ magnétique n'est pas limitée, comme le suggère la figure 16, à quelques boucles : les observations en rayons X du satellite *Yohkoh* montrent que tout un quadrant du disque solaire peut se restructurer. Une éruption peut aussi en déclencher d'autres dans des régions actives voisines et déstabiliser des protubérances.

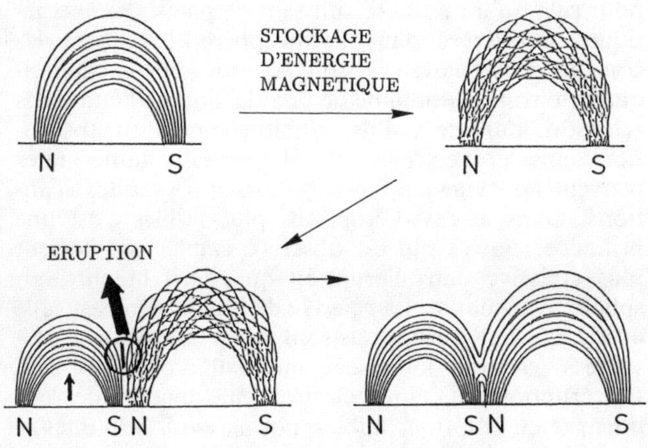

Fig. 16. — Schéma explicatif d'une éruption

L'énergie libérée par le champ magnétique chauffe le milieu ambiant, accélère les particules du plasma et peut éjecter de la matière coronale dans le milieu interplanétaire. Lors d'une grande éruption solaire, l'ensemble des effets observés permettent d'estimer l'énergie totale dissipée : elle peut représenter plus de 10 millions de fois la production annuelle d'électricité en France, tout en restant peu de chose vis-à-vis de l'ensemble de l'énergie émise par le Soleil.

II. — Les observations dans le domaine visible

C'est au milieu du XIXe siècle que les éruptions solaires ont été identifiées. Notons à cet égard qu'immédiatement le lien a été fait entre les éruptions, les aurores polaires et les perturbations du champ magnétique terrestre qui affolent les boussoles.

Seules les éruptions extrêmement intenses donnent lieu à des émissions visibles en lumière blanche. Il faut pour cela qu'un nombre suffisant de particules énergétiques, accélérées dans l'atmosphère, atteignent les couches plus basses. Ce sont les raies chromosphériques qui sont le domaine de prédilection de l'étude des éruptions dans le visible. Habituellement en absorption dans le spectre du Soleil calme, certaines raies peuvent être vues en émission lors des grandes éruptions. Dans le cas d'éruptions plus faibles c'est une brillance relative qui est observée car la raie devient plus émissive dans l'éruption que dans la chromosphère avoisinante. La raie $H\alpha$ de l'hydrogène est celle avec laquelle les éruptions sont systématiquement surveillées par tout un réseau mondial d'observatoires. Les éruptions $H\alpha$ sont classées en fonction de leur intensité en éruptions faibles, normales ou brillantes et en fonction de leur étendue au moment du maximum (quatre classes de 1 à 4). En deçà de ces dernières classes, les brillances les moins étendues sont qualifiées, en anglais, de *subflares*.

Les éruptions sont loin d'être des phénomènes rares : pendant une période de maximum de cycle, c'est par centaines que l'on peut compter chaque jour les éruptions de classe 1 et par dizaines celles de classe 2. Les effets notables sur l'environnement terrestre sont cependant limités aux éruptions à la fois les plus brillantes et les plus étendues. Ces éruptions sont beaucoup plus rares que les autres. Elles sont généralement le fait de centres actifs particuliers qui donnent une série d'éruptions importantes durant les deux semaines de leur passage sur le disque. Ces centres fertiles en éruptions ont des configurations magnétiques complexes révélées par un grand nombre de taches de polarités opposées proches les unes des autres. La complexité du champ magnétique est le principal critère utilisé pour prévoir l'éruptivité d'un groupe de taches.

Dans le domaine visible, le disque solaire dans son ensemble n'est pas affecté par les éruptions solaires : la brillance reste limitée à la région active qui leur donne naissance. Les éruptions les plus grandes ne dépassent que très rarement 2 millièmes de la surface du disque. Ainsi les éruptions solaires ne sont-elles réellement spectaculaires, dans ce domaine de longueurs d'onde, que lorsqu'elles sont observées avec de grands instruments.

III. — **Le chauffage du gaz**

En raison des températures mises en jeu dans les éruptions, c'est le domaine des rayons X mous (longueurs d'onde de quelques dixièmes de nanomètre) que le maximum du spectre thermique est attendu. On peut décrire, à ces longueurs d'onde, l'éruption comme un embrillancement de boucles semblables à celles que l'on observe, hors éruption, dans les régions actives. Les boucles de champ magnétiques sont fréquemment organisées en arcades enjambant une ligne d'inversion du champ magnétique photosphérique longitudinal. Ces boucles atteignent des altitudes de quelques dizaines de milliers de kilomètres. Dans le spectre en rayons X apparaissent de nouvelles raies dues à des éléments très ionisés. Les ions du fer peuvent aller, localement, jusqu'au Fer XXVI (25 fois ionisé) si la température atteint 25 millions de degrés. Quand le maximum de l'éruption est passé, la température décroît dans les boucles comme l'atteste l'évolution du spectre de raies. Une montée du flux et des températures en quelques dizaines de minutes et une décroissance sur plusieurs heures caractérisent les émissions thermiques liées aux grandes éruptions. Ce profil temporel est également typique de certains sursauts, observés en radioastronomie aux longueurs d'onde centimétriques. Comme les rayons X que nous venons de décrire, ces sursauts correspondent au rayonnement thermique d'arches chaudes.

IV. — L'accélération des particules

Si le chauffage dû aux éruptions peut augmenter de plusieurs dizaines de fois la brillance des boucles des régions actives observées en rayons X mous, c'est à des phénomènes non thermiques que l'on attribue les très grandes intensités observées en début d'éruption. Ces émissions ne peuvent pas être expliquées en terme de température locale car ce sont des températures de l'ordre du milliard de degrés qu'il faudrait invoquer pour les sursauts métriques intenses accompagnant les grandes éruptions. Le caractère impulsif des émissions X ou radio, les distingue assez aisément des émissions thermiques : le profil de montée est rapide, le maximum d'émission étant atteint en quelques minutes ou même en quelques dizaines de secondes.

L'accélération de particules électriquement chargée

est liée à la présence de champs électriques. Dans le domaine des rayons X durs (longueur d'onde au-dessous du dixième de nanomètre), l'émission non thermique est dominante. Cette émission est due au freinage des électrons accélérés lors de l'éruption. Les sursauts radio s'expliquent dans le cas le plus simple par le freinage que le champ magnétique fait subir aux électrons. Des mécanismes plus complexes mettent en jeu les instabilités du milieu au passage des faisceaux d'électrons rapides.

Des protons sont aussi accélérés, comme l'atteste l'émission de rayons gamma. Dans ce domaine d'énergie, l'émission des raies n'est pas due, comme pour les rayons X mous, aux modifications de trajectoire des électrons gravitant autour du noyau atomique ou à la capture d'électrons libres. Dans le cas des rayons gamma, qui mettent en jeu beaucoup plus d'énergie, on observe la conséquence des modifications de l'état des noyaux atomiques eux-mêmes perturbés par des protons rapides. Le proton perd de l'énergie au passage tandis que le noyau excité, instable, revient à son état initial en émettant un photon gamma. Dans d'autres cas la fragmentation d'un noyau en éléments plus légers excités libère de l'énergie sous forme radiative et sous forme de particules comme les neutrons. Ainsi à la surface de l'étoile, lors de grandes éruptions, se produisent des réactions nucléaires sporadiques.

La présence de protons et d'électrons accélérés est attestée, nous l'avons vu, par leur rayonnement. L'énergie des électrons peut aller de 100 keV à 40 MeV ; celle des protons de 10 MeV à plusieurs giga-électrons-volts (le giga-électrons-volts est environ le millième de l'énergie à laquelle on peut accélérer les protons dans les grands collisionneurs actuels). Les particules concernées perdent une partie de leur énergie cinétique en interagissant avec le plasma. D'autres peuvent s'échapper de l'atmosphère solaire, lorsque la configuration du champ magnétique, qui guide toutes les particules électriquement chargées, y est favorable. Elles transitent alors le long des lignes de champ du milieu interplanétaire qui, rappelons-le, a une forme de spirale. Les particules atteignent l'orbite terrestre où des satellites les détectent et mesurent leurs caractéristiques. La détection des neutrons solaires, comme l'analyse des émissions gamma, montre que l'accélération des particules à très hautes énergies a lieu dès le début de l'éruption. Notons pour finir que si des neutrons d'origine solaire, malgré leur courte durée de vie hors d'un noyau, peuvent être détectés par satellite et au sol, au niveau de l'orbite terrestre, c'est qu'aux énergies de l'ordre du giga-électrons-volts, les neutrons sont très relativistes.

V. — L'énergie mécanique

Les premières observations spectrales d'éruptions, au XIXe siècle ont montré l'existence de déplacement Doppler des raies chromosphériques de plusieurs centaines de kilomètres par seconde. Des vitesses de cet ordre de grandeur nécessitent un apport d'énergie mécanique important. Examinons plus en détail ce qui se passe lors d'une éjection de matière coronale, phénomène appelé « transitoire coronal ». Les transitoires s'observent dans les éruptions mais aussi en dehors. La même géométrie intervient dans les deux cas : au-dessus d'une ligne neutre du champ magnétique longitudinal se trouve une protubérance que l'on observe en absorption dans la raie Hα. Les arcades dont nous avons parlé plus haut apparaissent en rayons X. Au pied des boucles qui forment les arcades, on observe, simultanément, un embrillancement de la chromosphère dans la raie Hα, sous l'effet de particules accélérées, lors des grandes éruptions, ce double filet chromosphérique est très brillant. Dans les transitoires coronaux isolés, la brillance et l'étendue du phénomène dans la raie Hα sont trop faibles pour que l'on parle d'éruption, mais elles sont néanmoins détectables. Dans certains cas les boucles vues en rayons X et aux longueurs d'onde centimétriques restent visibles plusieurs heures. Elles montent lentement et l'on situe à leur sommet la reconnexion de lignes de champ magnétique qui fournit son énergie au phénomène. La protubérance Hα, de son côté, est éjectée, précédée de grandes boucles de champ magnétiques qui constituent le transitoire lui-même. C'est un phénomène spectaculaire lorsqu'il est vu, au-dessus du bord du disque, à l'aide d'un coronographe. La figure 17 montre son aspect aux longueurs d'onde métriques : dans un premier temps, avec la montée de la protubérance qui devient rapidement invisible parce qu'elle est chauffée, une émission stationnaire est observée à 0,7 rayon solaire de la photosphère pendant une vingtaine de minutes, puis l'ensemble s'envole comme le montre la série de points qui représente le centre de la source radio. On suit ici la montée de l'émission jusqu'à une distance de 2 millions de kilomètres de la surface solaire. La matière coronale provenant des transitoires coronaux est détectée dans le milieu interplanétaire.

Des ondes de choc sont également détectées dans le vent solaire : elles se traduisent par une discontinuité de vitesse qui peut se propager à 1 000 ou 2 000 km par seconde. Les ondes de choc peuvent aussi présenter des discontinuités de champ magnétique, de densité et de température. Elles sont observées dans le milieu interplanétaire avant le passage du nuage de plasma puisqu'elles se propagent plus vite que lui. Elles sont d'ailleurs détectables dès leur origine, dans la couronne, car elles accélèrent elles aussi les électrons qui émettent des sursauts métriques et décamétriques dont les caractéristiques diffèrent des émissions présentées figure 17.

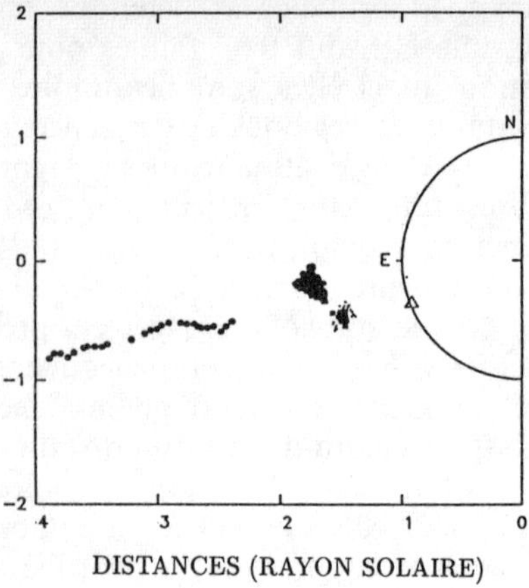

Fig. 17. — Transitoire coronal observé à 164 MHz

Une fraction substantielle de l'énergie de l'éruption est convertie sous forme d'énergie mécanique. Lors de la grande éruption du 4 août 1972, on estime que l'énergie mécanique et l'énergie dissipée par rayonnement étaient chacune 10 fois supérieure à celle ayant accéléré les protons interplanétaires, bien que cette éruption ait été parmi les plus intenses à cet égard.

Chapitre IX

LES RELATIONS SOLEIL-TERRE

I. — Les effets du rayonnement hors éruption

L'atmosphère terrestre absorbe une grande partie du spectre émis par le Soleil. Seuls les fusées et les satellites nous ont permis des observations du ciel en rayons X, en ultraviolet lointain, dans l'infrarouge et aux grandes longueurs d'onde radioélectriques.

Le rayonnement solaire maintient une partie de l'atmosphère terrestre, l'ionosphère, située entre 80 et 500 km environ, dans un état d'ionisation partielle. Des électrons sont séparés des atomes sous l'effet du rayonnement ultraviolet et le milieu devient conducteur. Aux faibles et aux moyennes latitudes, de fortes variations sont évidemment observées entre le jour et la nuit, mais le cycle solaire, qui fait varier le flux ultraviolet par un facteur deux environ, module lui aussi l'ionisation de ces régions. Une des principales conséquences concerne la propagation des ondes radioélectriques utilisées pour les télécommunications. Les ondes courtes se propagent autour de la Terre par réflexion sur l'ionosphère. Les ondes les plus longues font de même, le sol d'une part et l'ionosphère de l'autre les « guidant » sur de longues distances. Les variations de l'ionisation de l'atmosphère modifient les conditions de propagation de ces ondes, les fréquences utilisables variant avec le cycle solaire. L'absorption de l'extrême ultraviolet par l'atmosphère a des effets plus globaux. Le chauffage qui en résulte dilate l'atmosphère neutre, augmentant la densité à toutes les altitudes supérieures. Un satellite orbitant autour de la Terre aura, parce qu'il est freiné, une durée de vie plus courte en période de maximum d'activité qu'en période de minimum. S'il a, sur orbite à 500 km d'altitude, une durée de vie de 30 ans dans des conditions solaires calmes, sa durée de vie peut être réduite à 2 ans en période d'activité solaire maximale.

Il se trouve, par hasard, que les rayonnements X et ultraviolets qui varient fortement avec le cycle solaire sont aussi ceux qui sont absorbés dans l'atmosphère au-dessus de 10 km d'altitude. La transition se situe vers une longueur d'onde de 300 nanomètres, au-delà de laquelle le rayonnement pénètre jusqu'au sol (rappelons que le violet du visible commence à 390 nanomètres environ). Même en montagne, on ne s'attend donc pas à une grande variation d'insolation avec l'activité solaire. Il semble cependant que l'on ait détecté une relation entre les cancers de la peau et le cycle solaire, relation qui reste à confirmer et à expliquer dans le détail.

Le Soleil, pour autant qu'on le sache, n'a pas d'effet sur la météorologie à courte échelle de temps. Qu'en est-il du climat, c'est-à-dire du temps moyenné sur une longue période ? Les observations des variations du flux total solaire sont trop récentes pour connaître d'éventuelles tendances à long terme, comme, par exemple, à l'échelle du siècle. Les variations liées au cycle solaire sont considérées par de nombreux climatologues comme trop faibles pour qu'un effet notable soit possible (rappelons qu'elles sont de 2 millièmes du flux total). Pourtant, les partisans d'un effet de l'activité solaire sur le climat rappellent que pendant le minimum de Maunder, une période de 10 ans, entre 1690 et 1700, a été particulièrement froide en Europe comme l'attestent les historiens. Pendant cette période, comme nous l'avons vu plus haut, presque aucune tache n'a été observée. Mais ce n'est certes pas suffisant pour démontrer un effet de l'activité solaire sur le climat. On est ainsi dans une situation semblable à celle décrite par C. A. Young, il y a plus d'un siècle, dans le livre déjà cité datant de 1883 : « Sur cette question le monde astronomique est divisé en deux camps presque hostiles, tant la différence des opinions est tranchée, et la discussion vive. »

Il est en tout cas un point sur lequel la majorité des climatologues semblent aujourd'hui d'accord : la théorie astronomique de l'origine des grandes périodes de glaciation que la Terre a connues dans le passé. Si la Terre avait son axe perpendiculaire au plan de sa trajectoire autour du Soleil, chacun sait qu'il n'y aurait pas de saisons, l'éclairement étant le même dans les deux hémisphères. Or l'inclinaison de l'axe terrestre par rapport à l'écliptique, qui est actuellement de 23,5°, varie avec une périodicité de 41 000 ans, sa valeur oscillant entre 21,5 et 24,5°. A certaines périodes, les saisons sont donc renforcées ou atténuées. D'autre part nous avions noté au début de ce livre que l'orbite terrestre, légèrement elliptique, était telle actuellement que la Terre est plus près du Soleil en janvier qu'en juillet. Quand, dans 11 000 ans, la Terre sera plus près du Soleil en juillet qu'en janvier, l'été sera plus chaud dans l'hémisphère Nord, mais l'hiver plus froid. Enfin l'orbite elliptique de la Terre se déforme lentement et l'ellipticité varie avec une période de 100 000 ans. Les périodicités que nous venons de mentionner se retrouvent dans les courbes climatiques que l'on déduit, par exemple, de l'abondance des isotopes de l'oxygène dans les coquilles d'organismes marins ou dans les forages des calottes glaciaires. En particulier la périodicité de 100 000 ans, liée à la variation de l'ellipticité de l'orbite terrestre, coïncide avec celle des grandes glaciations. Les dates semblent compatibles également.

Détail piquant (et qui n'est ici que cela parce que les périodicités en jeu ne sont pas les mêmes), la variation du flux total correspondant à la période de 100 000 ans est de 2 millièmes, comme celle que l'on observe au cours du cycle solaire. Force est, je crois, de conclure, en ce qui concerne la polémique sur un possible lien entre l'activité solaire et le climat, qu'une certaine prudence serait, des deux côtés, de mise, compte tenu de la complexité du système climatique. Attendons que des observations vraiment crédibles donnent le fin mot de l'histoire.

II. — L'effet du vent solaire

Le champ magnétique de la Terre crée autour d'elle une région de structure assez complexe, la magnétosphère. Sous la pression du vent solaire la magnétosphère est comprimée côté jour, formant ainsi un bouclier protecteur qui empêche la pénétration des particules électriquement chargées du vent solaire. En amont de la Terre la magnétosphère s'étend jusqu'à 10 rayons terrestres. Deux régions, les cornets polaires, sont néanmoins ouvertes sur le milieu interplanétaire. Côté nuit au contraire se forme la queue de la magnétosphère qui s'étend au-delà de 100 rayons terrestres.

Lorsque la vitesse du vent solaire varie, la pression exercée sur la magnétosphère change et des courants électriques se développent dans l'ionosphère, créant un champ magnétique supplémentaire. Ce champ magnétique est faible par rapport au champ total de la Terre (il en est typiquement 1 millième), mais il est facile à séparer du champ magnétique d'origine interne par ses variations irrégulières. L'activité géomagnétique est dite « calme » ou « active » suivant que la variation, sur 3 heures, du champ d'origine externe est faible ou non. Cette variation qui dépend de l'heure locale et de la latitude est mesurée dans chaque station en terme d'indices trihoraires appelés « k ». A partir du résultat des différents observatoires géomagnétiques de moyenne latitude, on calcule des indices reflétant cette fois l'activité globale, liée aux paramètres du vent solaire. Trois indices quotidiens sont particulièrement utilisés : l'indice planétaire Ap surtout basé sur les mesures de l'hémisphère Nord en Amérique et en Europe, l'indice mondial Am mieux équilibré en longitudes et latitudes et l'indice antipodal Aa déduit de deux stations seulement, en Angleterre et en Australie, aux antipodes l'une de l'autre. Ce dernier indice est moins précis que les deux autres, mais il a sur eux deux avantages majeurs : d'une part, il est disponible rapidement, puisque la collecte des données est plus simple que dans les autres cas, et surtout il est calculable depuis 1868, tandis que les réseaux de stations nécessaires aux autres indices n'ont été disponibles qu'après les années 30.

Nous avons vu dans les chapitres précédents que le vent solaire provenant des trous coronaux est rapide par rapport à celui détecté au passage de la Terre dans la lame neutre interplanétaire, elle-même issue de la ceinture des jets coronaux. Rappelons-nous aussi que les structures coronales à grande échelle tournent rigidement en 27 jours environ et qu'au cours du cycle solaire, la géométrie de la lame neutre interplanétaire se déforme en suivant le cycle de la couronne solaire. Cela permet de comprendre nombre de caractéristiques de l'activité géomagnétique pendant les périodes sans éruption. On rencontre des séries de jours calmes lorsque la Terre traverse la lame neutre interplanétaire. Des jours actifs, appelés orages géomagnétiques récurrents, reviennent tous les 27 jours lorsque les trous coronaux sont stables, comme c'est le cas pendant la période de décroissance du cycle. Le reste du temps les valeurs des indices fluctuent autour de valeurs intermédiaires. L'intérêt de la longue série d'indices Aa, pour le physicien solaire, est de permettre d'induire de cette donnée, en remontant jusqu'en 1868, les variations du cycle coronal.

Cependant, durant son trajet du Soleil à la Terre, le vent solaire ne reste pas identique à lui-même, bien que la structure des grands secteurs interplanétaires soit conservée. Les vents rapides rattrapent les vents lents qui les précèdent. Il en résulte une compression à l'interface entre les deux types de vent. Les champs magnétiques, gelés dans le plasma, sont plus concentrés dans les régions d'interaction. Comme le vent solaire, ces régions tracent de grandes spirales dans le milieu interplanétaire. Elles tournent, avec le Soleil, en 27 jours environ. Les régions d'interaction peuvent déjà s'être formées au niveau de l'orbite terrestre mais elles sont plus nettes encore au-delà de cette orbite.

Dans le plan de l'écliptique, seul domaine bien exploré du milieu interplanétaire, on considère que toutes les lignes de champs magnétiques issues du Soleil rencontrent une région d'interaction. Cela veut dire d'une part, que les particules chargées, accélérées par les éruptions solaires ne peuvent pas s'échapper facilement (nous en reparlerons plus loin) et d'autre part, que ces structures, en fermant l'héliosphère, limitent l'accès à la Terre des rayons cosmiques.

Les rayons cosmiques ont des énergies bien supérieures à celle des particules provenant des éruptions solaires. Leur spectre, dont le maximum se situe vers 1 GeV, s'étend au-delà du million, voire du milliard, de giga-électrons-volts. Ils proviennent, pense-t-on, des ondes de choc liées à l'explosion des supernovae. Ils peuvent aussi venir des centres de galaxies où se trouveraient des trous noirs. Les structures du champ magnétique interplanétaire à grande échelle défléchissent les rayons cosmiques les moins énergiques (la limite de la modulation solaire se situe vers 5 GeV). Cet effet est plus efficace lorsque la géométrie du vent solaire est complexe. C'est le cas durant le maximum du cycle solaire, d'autant plus que les transitoires coronaux et les ondes de choc associées, plus fréquents pendant le maximum du cycle des taches, augmentent encore le nombre de structures présentes dans le milieu interplanétaire. Au cours du cycle solaire on observe de fait une variation du flux des rayons cosmiques. Ces mesures sont faites à l'aide du réseau mondial des moniteurs à neutrons qui détectent les particules secondaires créées par la collision des rayons cosmiques sur les atomes de l'atmosphère. La figure 18, basée sur les données du moniteur à neutrons des îles Kerguelen, montre clairement la modulation du rayonnement cosmique atteignant la Terre (trait plein) et sa relation avec le cycle solaire (pointillés) : au moment du maximum des taches, le flux des neutrons est de 20 % inférieur à celui observé durant le minimum du cycle des taches.

Parmi les conséquences de la modulation des rayons cosmiques, l'une est particulièrement importante pour la physique solaire. Les neutrons produisent, à partir des atomes d'azote et d'oxygène de l'atmosphère des isotopes radioactifs tels que le carbone 14 et le béryllium 10. La demi-vie du carbone 14 est de 5 730 ans et

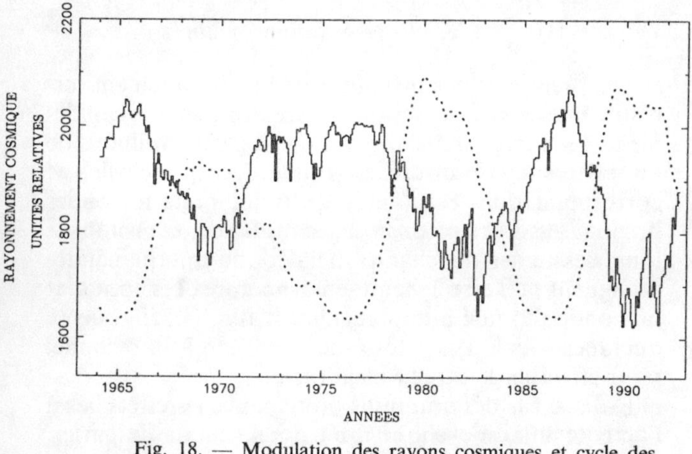

Fig. 18. — Modulation des rayons cosmiques et cycle des taches

celle du béryllium 10 de 1,5 million d'années. Les arbres, par l'intermédiaire du gaz carbonique, stockent le carbone 14 et permettent une datation par le comptage de leurs anneaux, où l'on retrouve le rythme des saisons de croissance. Le béryllium 10, fixé sur les poussières, tombe rapidement et peut être mesuré dans les sédiments marins et les carottes glaciaires. Il ne séjourne dans l'atmosphère qu'un an tandis que le carbone 14 y reste un siècle en s'homogénéisant. Pour cette raison on détecte, sur les tracés du béryllium 10, l'effet de modulation du cycle solaire et sur ceux des deux isotopes dont nous parlons, l'augmentation due au minimum d'activité solaire de Maunder. On gagnera en précision avec le progrès des mesures du béryllium 10 et du carbone 14, l'exploitation de nouvelles données ainsi que l'ajout d'isotopes supplémentaires. On peut penser que, dans l'avenir, on pourra restituer l'activité solaire passée sur des milliers, peut-être des millions d'années, et trancher, en particulier, sur l'existence d'un lien précis entre Soleil et climat.

III. — L'effet des éruptions solaires

Les premières perturbations de l'environnement terrestre créées par les éruptions se font sentir rapidement. La Terre est distante du Soleil de 150 millions de kilomètres. Cette distance, grande à notre échelle, ne correspond qu'à 8 minutes de trajet pour les ondes lumineuses. Les protons éjectés du Soleil, transitant le long des lignes du champ magnétique interplanétaire atteignent la Terre 1 heure environ après l'éruption et une onde de choc interplanétaire n'aura besoin que de quelques jours, à la vitesse de 1 000 km à la seconde, pour effectuer le trajet Soleil-Terre.

Dans le cas des éruptions on retrouve les effets liés à l'activité solaire cyclique dont nous venons de parler, mais d'une manière plus spectaculaire et, heureusement, sur des durées plus courtes. Nous prendrons, pour illustrer les effets des éruptions des exemples observés durant le maximum du cycle 22 (entre 1989 et 1991) dont les éruptions ont été particulièrement importantes et nombreuses.

Dans le domaine des rayons X, de l'ultraviolet ou de la radio, une éruption peut émettre beaucoup plus, malgré sa faible surface, que le Soleil calme. Alors que la variation moyenne du flux à 10,7 cm de longueur d'onde est de l'ordre de 100 SFU (*solar flux unit,* égale à 10^{-22} W par mètre carré et par hertz) au cours d'un cycle, on a mesuré un flux de 55 000 SFU durant le maximum de l'éruption du 6 juin 1991. Les ultraviolets et rayons X étant probablement dans le même rapport, on conçoit que le freinage des satellites sur orbite basse ait été important et les télécommunications radio difficiles, l'ionosphère étant très perturbée. Grâce à l'absorption du rayonnement X et ultraviolet par l'atmosphère, les effets au sol restent probablement négligeables.

Les protons et les électrons rapides suivent les lignes de force du champ magnétique interplanétaire. Une éruption ne dure que quelques heures mais comme les régions d'interaction ferment l'héliosphère interne, les particules ne peuvent pas s'échapper et l'événement à proton dure plusieurs jours. L'événement du 23 mars 1991 a ainsi duré jusqu'au 31 mars. Le flux de protons peut être réalimenté par des éruptions successives. Les grands événements à protons voient souvent leur intensité maximale augmentée au moment du passage de l'onde de choc liée à l'éruption. Les ondes de choc, en effet, réaccélèrent les particules et peuvent accroître l'intensité des protons par un facteur 10. Fort heureusement, les protons interplanétaires ne pénètrent pas aisément à l'intérieur de la magnétosphère, domaine relativement clos où domine le champ magnétique terrestre. Seules les régions polaires sont moins protégées, mais la basse atmosphère forme un second filtre. Par contre un astronaute peut subir une irradiation dangereuse, voire mortelle, s'il se trouve en activité extravéhiculaire dans les régions polaires ou sur la Lune. A bord de satellites situés à haute altitude, le matériel embarqué (électronique, ordinateur et panneaux solaires) peut être sérieusement endommagé par les particules solaires éjectées lors des grandes éruptions.

L'atmosphère terrestre, nous venons de le mentionner, est suffisamment dense pour ne laisser pénétrer à basse altitude que les rares particules de très haute énergie. Dans le cas de l'éruption du 29 septembre 1989, dont certains protons avaient effectivement une grande vitesse, on a détecté au sol, grâce aux moniteurs à neutrons, une intensité quatre fois supérieure à celle des rayons cosmiques habituels. A bord de Concorde volant à haute altitude (16 000 m) pendant le maximum de l'événement, l'effet a pourtant été minime : les instruments de surveillance, placés à bord, ont montré que le flux reçu ne justifiait pas un changement d'altitude prévu dans les cas critiques.

L'onde de choc interplanétaire modifie, en augmentant la pression du vent solaire, la structure de la magnétosphère et déclenche des orages géomagnétiques, semblables à ceux, récurrents à 27 jours, déclenchés par le passage sur le disque solaire des trous coronaux. Ces orages (qu'ils soient récurrents ou non) sont à l'origine des aurores polaires les plus importantes. Des électrons stockés dans la queue de la magnétosphère sont accélérés et précipités au-dessus des régions de haute latitude. Les atomes de l'atmosphère, excités par les électrons, émettent des raies de diverses couleurs. Quand l'activité est forte, le phénomène auroral est renforcé et les mouvements des champs magnétiques perturbés, le long desquels les électrons se déplacent, sont visualisés par les mouvements des aurores. Si l'activité est exceptionnelle, les aurores sont visibles à des latitudes relativement basses comme en France le 13 mars 1989. Des aurores ont même été observées en 1872 à Bombay et en 1909 à Singapour dans les cas extrêmes.

Les industries spatiales étudient la structure et les composants des satellites pour limiter, durant les orages géomagnétiques, les décharges électriques qui peuvent créer des anomalies dans le fonctionnement ou induire des pannes. Au sol, l'effet le plus dommageable se manifeste, dans les régions de haute latitude, par l'induction de courants électriques parasites dans les lignes de transport électrique, les câbles téléphoniques et les pipelines. Le 13 mars 1989, à la suite d'une éruption solaire qui, il est vrai, constitue le record d'intensité des orages géomagnétiques observés depuis 1868, 6 millions d'habitants du Canada et des Etats-Unis ont été privés d'électricité pendant 9 heures. La détérioration de transformateurs et la détection d'anomalies avait, de proche en proche, fait disjoncter tout un réseau d'alimentation électrique.

Pour prévoir les éruptions solaires et donner des informations sur l'état de l'environnement de la Terre aux agences spatiales et aux industriels concernés, un réseau mondial de centres de prévision surveille l'activité solaire. Ses centres régionaux — situés à Boulder (Etats-Unis), Ottawa, Tokyo, Pékin, Sydney, New-Delhi, Moscou, Varsovie, Prague et Paris — collectent les données solaires, géomagnétiques et ionosphériques obtenues par de nombreux observatoires, les traitent et les diffusent, comme le font, à beaucoup plus grande échelle, les centres de météorologie. Chaque pays possède par ailleurs un centre national pour les besoins des prévisions ionosphériques dont les télécommunications radio sont tributaires.

Ce survol rapide des relations Soleil-Terre montre qu'au sol les effets liées aux éruptions sont très atténués. La Terre est bien protégée par son atmosphère et son champ magnétique, comme le démontre d'ailleurs la présence de la vie sur notre planète.

Chapitre X

QUELLE EST L'ORIGINE DU SOLEIL ET QUE DEVIENDRA-T-IL ?

I. — Une étoile qui évolue lentement

Eruptions et cycles d'activité ne sont que des événements mineurs dans la vie d'une étoile. Le Soleil est actuellement dans une phase où son évolution à long terme est lente. Son rayon, de 700 000 km environ, ne croît que de 2 cm par an. Sa température de surface, il y a 4,5 milliards d'années, n'était que de 2 % inférieure à ce qu'elle est aujourd'hui. Cette phase de l'évolution des étoiles pendant laquelle elles brûlent, dans leur région centrale, l'hydrogène en hélium, est la séquence principale des diagrammes d'évolution stellaire. Une étoile de cinq masses solaires, évoluant vite, ne passera que 65 millions d'années dans la séquence principale. Pour les étoiles de même masse que le Soleil, le séjour est beaucoup plus long, puisqu'il dure dix milliards d'années. Notre étoile, âgée de 4,5 milliards d'années, est donc à mi-chemin de son évolution dans la séquence principale.

L'évolution précédant cette phase, durant laquelle un nuage interstellaire se condense en étoile, est beaucoup plus rapide. On estime en effet qu'il suffit de 50 millions d'années à une étoile de masse solaire pour atteindre l'état stable où elle commence à brûler son hydrogène. Pour comprendre la naissance d'une étoile telle que les modèles la voient, il est d'abord nécessaire de décrire le milieu interstellaire où se trouvent réunies les conditions propices à la transformation d'un nuage de gaz en proto-étoile, puis en étoile.

II. — La matière interstellaire

La présence de gaz, dans le milieu interstellaire, sous forme de nébuleuses gazeuses est connue depuis longtemps car ces nébuleuses sont observables en optique. La détection, vers 1950, de l'hydrogène atomique interstellaire par son émission à la longueur d'onde 21 cm, a permis d'étudier en détail la structure à grande échelle du gaz présent dans la Galaxie. Le gaz n'est pas réparti uniformément. Il est principalement localisé dans de grandes régions diffuses formées de filaments alignés le long du champ magnétique de la Galaxie. La densité des nuages diffus varie de 1 à 1 000 atomes par centimètre cube et leur masse peut dépasser 100 masses solaires. En complément aux mesures d'émission de la raie 21 cm, celles de l'absorption de la raie par le gaz interstellaire interposé entre les radiosources et la Terre, ont montré que les températures de ces régions vont de 50 à 1 000 °K. Avantage irremplaçable des observations de raies, la mesure du déplacement Doppler fournit des informations sur la dynamique des nuages d'hydrogène atomique.

Ces nuages ne représentent qu'une partie du gaz interstellaire. On estime aujourd'hui que la masse totale de gaz sous forme moléculaire égale celle existant sous forme atomique. Il aura fallu le développement récent de la spectroscopie en radioastronomie millimétrique pour prendre conscience de l'importance de cette autre catégorie de nuages, plus froids (7 à 100 °K) et beaucoup plus denses que ceux que l'on vient de décrire. Leur masse peut dépasser 100 000 masses solaires. C'est de molécules d'hydrogène, et non d'atomes qu'ils sont formés. Outre ce corps, une centaine de molécules ont été détectées dans ces nuages denses : la molécule d'eau, le monoxyde de carbone CO et l'ammoniac par exemple font partie de cette série. Chaque molécule est identifiée par ses raies millimétriques. A côté des éléments les plus légers : hydrogène, carbone, azote et oxygène, des atomes de soufre et de silicium peuvent être présents dans les molécules. On notera par contre que l'hélium, inerte, ne se combine pas avec les autres atomes. Les molécules interstellaires les plus complexes regroupent plus de 10 atomes. Des radicaux chimiques comme le radical hydroxyde OH ont également été détectés, mais aussi des radicaux de type benzénique, des acides aminés, etc., semblables à ceux qui sont à la base de toute chimie organique sur Terre.

Les observations optiques avaient également montré l'existence de poussière interstellaire. Cette poussière absorbe le rayonnement des étoiles situées derrière elle. Comme l'extinction des spectres stellaires est plus forte dans le bleu que dans le rouge, sa mesure permet d'estimer la taille des grains de poussière. Leur diamètre est de l'ordre du dixième de micron. La composition des grains de poussière a pu être étudiée grâce aux observations infrarouges obtenues par avion, ballon ou satellite. C'est en effet dans le domaine de longueur d'onde allant de 70 à 1 000 μ, inaccessible du sol, que les grains émettent. Ces grains sont composés de particules de silicate formant un noyau entouré d'un manteau de cristaux d'eau, de méthane et d'ammoniac. La poussière ne représente que le centième de la masse du nuage, mais son rôle est important dans la chimie des molécules. Ainsi l'hydrogène moléculaire, qui est la plus abondante d'entre elles, se recombine par adsorption (capture à la surface des grains de poussière) et catalyse.

III. — La condensation des nuages

Les nuages moléculaires sont ceux où règnent les conditions physiques les plus favorables à une instabilité les faisant s'effondrer. Leur distribution dans la Galaxie est semblable à celle des étoiles jeunes. C'est donc en leur sein que l'on situe la formation des étoiles. Dans ces nuages où la poussière est relativement abondante, le rayonnement aux longueurs d'onde optiques est absorbé et c'est le rayonnement infrarouge qui fournit les meilleures observations de la naissance des étoiles. Les modèles théoriques et la simulation numérique permettent de construire des scénarios crédibles de la condensation des nuages. Les grands nuages, lorsqu'ils sont déstabilisés, se fractionnent partiellement, par cascades, en nuages beaucoup plus petits qui vont eux-mêmes s'effondrer. Ce sont ces petits nuages qui se transformeront en étoiles de masse généralement inférieure à 10 masses solaires. Compte tenu de la masse énorme des nuages initiaux, des amas d'étoiles peuvent se former simultanément. Celui des Pléiades en est un exemple, avec ses 300 étoiles dont la masse totale est 500 fois celle du Soleil. Notons que les amas présentent un intérêt tout particulier pour l'étude de l'évolution stellaire car ils fournissent un échantillon d'étoiles du même âge, formées dans le même milieu, situées à la même distance, dont l'évolution ne diffère donc qu'en raison de leurs masses.

La contraction d'un nuage libère l'énergie gravitationnelle. C'est une source de chaleur importante que l'on retrouve à différents stades de l'évolution stellaire. Dans la première phase d'effondrement d'un nuage, la densité de matière est trop faible pour empêcher l'énergie libérée de s'échapper par rayonnement et le nuage reste, durant cette phase, à une température constante de 10 °K. La matière tombe en chute libre vers le centre du nuage dont la densité croît. Lorsque la densité au centre du nuage devient suffisante pour absorber le rayonnement, l'énergie libérée chauffe le nuage et le noyau, dont la température est de 170 °K, se stabilise. Il représente alors un vingtième de la masse totale. Son diamètre est estimé à 4 fois celui de l'orbite terrestre. Ce noyau est qualifié de proto-étoile. A la surface du noyau stable, la matière continue à tomber à la vitesse de quelques dizaines de kilomètres par seconde. Ce phénomène, l'accrétion, chauffe le noyau. Quand la température atteint 2 000 °K, la dissociation en atomes des molécules d'hydrogène absorbe une partie de l'énergie disponible et déstabilise la proto-étoile, qui reprend sa contraction. Un second noyau stable se forme au centre de la proto-étoile lorsque l'hydrogène moléculaire est dissocié et que la température y atteint 20 000 °K. Ce nouveau noyau n'a au départ qu'un rayon de 1,3 rayon solaire et sa masse n'est que le millième environ de la masse totale. Mais c'est à partir de ce noyau stable, bien que soumis à de forts mouvements internes de convection, que l'étoile va se former.

La réalité est certainement plus complexe que le scénario, issu de modèles, présenté ici. La dissymétrie et la rotation du nuage, la présence de champs magnétiques, les éjections de matière jouent certainement un rôle important dans ces phases de contraction du nuage en proto-étoile. L'observation des étoiles de type T Tauri en apporte la preuve. Ces étoiles, découvertes dans les années 40, semblent être des étoiles encore en contraction, observables avant le déclenchement de réactions nucléaires. Elles présentent des caractéristiques tout à fait particulières. Ce sont d'abord des étoiles variables, leur luminosité pouvant changer à l'échelle de quelques heures. On explique certaines de leurs propriétés par la présence d'une activité semblable à l'activité solaire mais à beaucoup plus grande échelle. Le spectre de certaines d'entre-elles se caractérise par des raies d'émission importantes liées à la présence d'une atmosphère extérieure épaisse. Il montre l'existence d'une rotation rapide. Des éjections de matière ont été détectées, certaines de ces étoiles pouvant perdre le tiers de leur masse avant de devenir des étoiles stables ; des disques de poussière gravitent autour de l'étoile. On a détecté des disques du dixième de la masse de l'étoile. Le système solaire (qui ne représente que le millième de la masse du Soleil) se serait formé durant cette phase.

Comparons plus précisément les caractéristiques d'une étoile T Tauri faible, âgée de 1 million d'années et de même masse que le Soleil, avec celles du Soleil lui-même qui est, rappelons-le, âgé de 4,5 milliards d'années. Le rayon de l'étoile est 2 fois et demi celui du Soleil et sa luminosité est 1,7 fois plus grande. La température effective est 4 200 °K (au lieu de 5 770 °K pour le Soleil). Sa période de rotation est 5 fois plus courte que celle du Soleil. La surface couverte par les taches est d'environ un quart de la surface totale (rapport qui dépasse rarement quelques millièmes pour le Soleil). Finalement cette étoile émet 100 à 1 000 fois plus en rayons X que ne le fait le Soleil. Ces paramètres d'étoiles en contraction permettent de tracer un « portrait » crédible du Soleil dans sa prime jeunesse.

La contraction ne s'arrête que lorsque la température au centre de l'étoile atteint le million de degrés nécessaire au démarrage des premières réactions nucléaires. Les réactions qui interviennent à ces températures transforment en particulier le carbone en azote. L'énergie libérée par la contraction de l'étoile, qui était entièrement dominante lorsque l'étoile avait moins de 10 millions d'années, ne contribue plus à la luminosité de l'astre quand elle atteint 30 millions d'années. Le rayon, la luminosité, la température centrale comme celle de sa surface se stabilisent. Les réactions nucléaires du cycle proton-proton qui transforment l'hydrogène en hélium deviennent rapidement dominantes dans le cas d'une étoile d'une masse solaire. L'étoile est alors sur la séquence principale dont nous avons parlé plus haut.

IV. — L'avenir du Soleil

Les modèles de structure interne permettent de prévoir la suite de l'évolution du Soleil. Après un séjour de 10 milliards d'années au total dans la séquence principale, une étoile d'une masse solaire a brûlé une grande partie de son hydrogène central. L'abondance de l'hydrogène n'est plus, en son centre, que de quelques pourcents. Pour le Soleil, l'échéance se situe dans 5,5 milliards d'années. L'hydrogène continue à se transformer mais la région de production d'énergie s'éloigne du centre en laissant derrière elle un noyau d'hélium. Le noyau se contracte et la température au centre de l'étoile augmente. La luminosité de l'étoile croît et simultanément son enveloppe se dilate tandis que la température à la surface décroît jusqu'à 3 000 °K. L'étoile est devenue une géante rouge. Lorsque les régions centrales atteignent une température de 100 millions de degrés, les réactions nucléaires qui transforment l'hélium en carbone et en oxygène se déclenchent brusquement : c'est le flash de l'hélium. Les modèles situent cette phase au moment où le noyau d'hélium représente les deux tiers de la masse de l'étoile. Un milliard d'années s'est écoulé depuis que l'étoile a quitté la séquence principale. Sa luminosité est alors 300 fois celle du Soleil actuel et son rayon, selon certains modèles, 50 fois celui du Soleil. Notons que d'autres auteurs calculent des valeurs beaucoup plus grandes, le rayon pouvant atteindre l'orbite de Mars à 1,5 unité astronomique.

Quoi qu'il en soit, lorsque la combustion de l'hélium se stabilise dans le noyau, la luminosité redécroît fortement. Durant la phase suivante, l'étoile expulse une partie de son enveloppe et elle peut donner naissance à une nébuleuse planétaire. Comme, durant ce processus, ce sont des parties de plus en plus chaudes de l'étoile qui deviennent visibles, la température de surface croît jusqu'à environ 100 000°. La température intérieure d'une étoile d'une masse solaire n'atteint jamais le seuil de 200 millions de degrés au-delà duquel se déclencherait la fusion du carbone et de l'oxygène. Ainsi, lorsque l'hélium est brûlé, les réactions nucléaires s'arrêtent. La contraction stellaire qui résulte de l'arrêt de production d'énergie crée une pression interne extrêmement forte. A l'intérieur de l'étoile devenue naine blanche, le poids de la matière est supporté par le gaz d'électrons très rapides qui s'est créé : la matière est dite dégénérée. Durant cette phase finale de la vie de l'étoile, le rayon diminue et l'étoile, de moins en moins brillante, deviendra difficile à détecter.

Les étoiles dont la masse est semblable à celle du Soleil suivent donc une évolution qui, à partir du nuage de matière interstellaire, les transforme en objets morts que des écologistes qualifieraient de non recyclables. Il en va tout autrement des étoiles les plus massives. Dans ces étoiles, les températures atteintes sont suffisantes pour qu'après l'hydrogène et l'hélium, le carbone puis le néon, l'oxygène et finalement le silicium et le soufre brûlent en créant, à chaque fois, de nouveaux éléments. Les vents stellaires, les éjections d'enveloppes ou les explosions de supernovae, comme celle observée en 1987, dispersent dans le milieu interstellaire les éléments ainsi synthétisés. Ce sont donc les premières générations d'étoiles massives qui sont à l'origine des éléments que nous observons dans le milieu interstellaire, mais aussi dans les planètes et qui sont, finalement, nos plus lointains ancêtres.

Chapitre XI

COMMENT CONCEVAIT-ON LE SOLEIL AUX XVIIe ET XIXe SIÈCLES ?

L'histoire des sciences est un domaine en soi, justifiant une étude détaillée, non seulement des textes scientifiques originaux eux-mêmes, mais de leur contexte philosophique, social et politique. Sans avoir cette ambition, nous nous contenterons ici d'envisager, à travers deux ouvrages de vulgarisation scientifique, les époques particulièrement importantes de la fin du XVIIe siècle et de celle du XIXe siècle. Ce faisant, nous souhaitons simplement, à travers des « morceaux choisis », inciter notre lecteur à considérer, en écho aux premières phrases de ce livre, l'universalité du sujet et celle des chercheurs.

Nous avons choisi des livres de vulgarisation par goût pour ce que logiciens, linguistes et informaticiens appellent la récursivité. Ces ouvrages nous éviteront des discussions trop techniques et leur langage est bien plus accessible que celui de la littérature scientifique originale. L'un de ces livres, demeuré fort célèbre, est l'*Entretiens sur la pluralité des Mondes*, publié par Fontenelle en 1686, sous le règne de Louis XIV ; l'autre, moins connu aujourd'hui, est *Le Soleil* de C. A. Young, publié en français en 1883. L'intérêt de ces époques, dans le contexte de la science occidentale, tient à leur situation, postérieure à de grandes avancées techniques de la physique solaire (mise au point de la lunette astronomique dans le premier cas, du spectroscope dans le second), mais antérieure à un bouleversement — imminent — des concepts fondamentaux de la physique. En effet l'*Entretiens sur la pluralité des Mondes* est publié un an avant les *Principia* de Newton et *Le Soleil* de Young, quelques années avant la cristallisation de la physique moderne. Ce sont les moments où l'interprétation des observations se pose avec le plus d'acuité, dans le cours de ce long fleuve tranquille qu'est la science.

Le choix des auteurs non plus n'est pas anodin : ils représentent assez bien le milieu scientifique de leur époque. Signe des temps, le premier est un mondain, homme de lettres et de théâtre (il est neveu de Corneille). Il n'a certes pas laissé une œuvre scientifique de la stature de celle d'un Descartes ou d'un Pascal, mais il a joué un grand rôle à l'Académie des sciences et propage déjà la philosophie des « Lumières ». Il s'adresse, dans ses *Entretiens,* à un public lui aussi mondain. Le second, grand spécialiste du Soleil, a participé activement aux découvertes de la physique de son époque. Son livre fait partie du grand mouvement d'éducation populaire que connaît la fin du XIXe siècle[1].

I. — Le Soleil de Fontenelle

Les premières années du XVIIe siècle sont marquées par le début de l'astrophysique qui dispose de son tout premier instrument car la lunette astronomique vient d'être inventée. Les observations des taches solaires par Galilée (octobre 1610), Fabricius (décembre 1610) et Scheiner (mars 1611) montrent que le Soleil n'est ni immobile, ni immuable. Soixante-quinze années plus tard, en 1685, Fontenelle écrit :

> Le Soleil est un Corps particulier, mais quelle sorte de Corps ? On est bien embarassé à le dire. On avoit toûjours crû que c'étoit un feu très-pur ; mais on s'en désabusa au commencement de ce Siecle, qu'on apperçût des Taches sur sa surface [...]. Il se trouva

1. Cf. B. Béguet, *La science pour tous,* Paris, Bibliothèque du CNAM, 1990.

que ce n'étoient point des Planetes, mais des nuages, des fumées, des écumes qui s'élèvent sur le Soleil [...]. Il y a des temps où l'on en voit beaucoup, il y en a d'autres, même assez longs, où il n'en paroît aucune. On croiroit que le Soleil est une matiere liquide, quelques-uns disent de l'Or fondu, qui bouillonne incessamment, et produit des impuretez, que la force de son mouvement rejette sur la surface ; elles s'y consument, et puis il s'en produit d'autres [...]. D'autres disent, et avec assez d'apparence, que les Taches, du moins pour la plûpart, ne sont point des productions nouvelles, et qui se dissipent au bout de quelque temps, mais de grosses masses solides, de figure fort irreguliere, toûjours subsistantes, qui tantôt flottent sur le corps liquide du Soleil, tantôt s'y enfoncent ou entierement ou en partie, et nous présentent differentes pointes ou éminences, selon qu'elles s'enfoncent plus ou moins, et qu'elles se tournent vers nous de differents côtez. Peut-être font-elles partie de quelque grand amas de matiere solide qui sert d'aliment au feu du Soleil.

Ces découvertes déterminantes se situent dans le contexte d'une remise en cause beaucoup plus générale des concepts de l'astronomie[1].

Il n'y a pas long-temps que tous nos Philosophes se croyoient fondez en experience, pour soûtenir que les Cieux et tous les Corps Célestes étoient incorruptibles, et incapables de changement. [Or] les Anciens ont vû dans le Ciel des Etoiles fixes que nous n'y voyons plus. Ces Soleils ont perdu leur lumiere [...]. Je m'attens bien que s'il disparoît des Etoiles anciennes, il en paroît de nouvelles, il faut que l'espece se répare [...]. Pourquoi la matiere propre à faire un Soleil ne pourra-t-elle pas, après avoir été dispersée en plusieurs endroits différents, se ramasser à la longue en un certain lieu, et y jetter les fondemens d'un nouveau Monde ?

Fontenelle explique l'évolution des étoiles en se référant à Descartes :

Les taches de notre Soleil, étant ou des écumes ou des brouillards, elles peuvent s'épaissir, se mettre plusieurs ensemble, s'accrocher les unes aux autres, ensuite elles iront jusqu'à former autour du Soleil une croûte qui s'augmentera toûjours, et adieu le Soleil. Si le Soleil est un feu attaché à une matiere solide qui le nourrit, nous n'en sommes pas mieux, la matiere solide se consumera. Nous l'avons déjà même échappé belle, dit-on. Le Soleil a

1. Cf. A. Koyré, *Du monde clos à l'univers infini,* PUF, 1962, et Gallimard, 1973.

été très-pâle pendant des années entieres ; pendant celle, par exemple, qui suivit la mort de César. C'étoit la croûte qui commençoit à se faire ; la force du Soleil la rompit et la dissipa, mais si elle eût continué, nous étions perdus.

Parallèlement, la physique a fait des progrès importants[1]. Le magnétisme, connu dans l'Antiquité grecque et redécouvert avec l'introduction de la boussole en Occident au XIIe siècle, perd son statut magique et apparaît avec W. Gilbert (De Magnete, 1600) comme « une force physique faisant intervenir un champ » sans support matériel. Kepler y voit la force organisant son système planétaire et considère que Soleil et planètes, comme la Terre, sont des aimants. Avec Gilbert encore, apparaît la distinction définitive entre le magnétisme et l'électricité. A la fin du siècle, avec Huyghens et bien sûr Newton, la gravité s'impose comme une force distincte, expliquant le mouvement des astres dans le système solaire.

L'ouvrage de Fontenelle dont nous parlons ici a été publié, nous l'avons vu, un an avant les *Principia* de Newton. Pour une grande part, Fontenelle expose le système de Descartes et sa théorie des Tourbillons. Cette théorie est, de fait, déjà dépassée, mais elle a eu pour ses contemporains une valeur explicative suffisante pour se maintenir, de nombreuses années encore, sur le continent, au détriment de l'approche newtonienne qui finalement triomphera. Les Cartésiens se méfiaient de la notion d'attraction à laquelle ils attribuaient une connotation occulte.

Ce qu'on appelle un Tourbillon, c'est un amas de matiere dont les parties sont détachées les unes des autres, et se meuvent toutes en un même sens ; permis à elles d'avoir pendant ce temps-là quelques petits mouvemens particuliers pourvû qu'elles suivent toûjours le mouvement general [...]. Vous savez que les Planetes sont portées dans la matiere céleste, qui est d'une subtilité et d'une agitation prodigieuse. Tout ce grand amas de matiere céleste, qui est

1. Cf. R. Taton, *Histoire générale des sciences*, PUF, 1958.

depuis le Soleil jusqu'aux Etoiles Fixes, tourne en rond, et emportant avec soi les Planetes, les fait tourner toutes en un même sens autour du Soleil, qui occupe le centre, mais en des temps plus ou moins longs, selon qu'elles en sont plus ou moins éloignées. Il n'y a pas jusqu'au Soleil qui ne tourne sur lui-même, parce qu'il est justement au milieu de toute cette matiere céleste.

Chaque étoile a son tourbillon et

les Cometes ne sont que des Planetes qui appartiennent à un Tourbillon voisin [...]. Les queuës et les barbes ne sont que de pures apparences. Les Planetes étrangeres ne different en rien des nôtres ; mais en entrant dans notre Tourbillon, elles prennent la queuë ou la barbe par une certaine sorte d'illumination qu'elles reçoivent du Soleil, et qui entre-nous n'a pas encore été trop bien expliquée ; mais toûjours on est sûr qu'il ne s'agit que d'une espece d'illumination ; on la devinera quand on pourra.

L'explication de Kepler, qui en 1617 attribuait les queues de comètes à la force répulsive exercée par le Soleil sur le gaz de la tête, nous semble aujourd'hui une bonne intuition.

Quant à la lumière zodiacale observée par Cassini et attribuée par lui en 1672 à l'effet d'un nuage de poussière asymétrique :

On voit un mois devant et après l'Equinoxe de Mars, lors que le Soleil est couché, et le Crepuscule fini, une certaine lumiere blanchâtre qui ressemble à une queuë de Comete [...]. On commence à conjecturer qu'elle est produite par quelque grand amas de matiere un peu épaisse qui environne le Soleil jusqu'à une certaine étenduë.

Les spécialistes de l'histoire des sciences reconnaissent au XVIIe siècle une grande importance par l'abandon du géocentrisme, de l'immuabilité du Ciel, la généralisation de l'expérimentation, le remplacement des descriptions qualitatives grâce au développement d'outils mathématiques, la disparition (lente) des explications magiques et vitalistes. Fontenelle a joué son rôle dans ce mouvement, diffusant avec succès les connaissances scientifiques de l'époque et combattant les superstitions. Il fait partie de ceux qui ont ainsi préparé le siècle de Lumières.

II. — Le Soleil de C. A. Young

Le style de Young, d'autant qu'il s'agit d'une traduction, n'a pas pour nous , bien sûr, la saveur de celui de Fontenelle. Si nous avons choisi son livre, c'est qu'il y expose, en détail, les différentes thèses en cours à son époque, pesant les mérites de chacune et donnant son propre point de vue. C'est, décrite par l'un de ses acteurs, la physique solaire moderne en train de naître.

La seconde moitié du XIXe siècle est marquée par le début de la seconde révolution industrielle. De grands progrès techniques : chemins de fer, électricité, téléphone, photographie suscitent curiosité, crainte ou enthousiasme. L'invention de la TSF se prépare. La thermodynamique et l'électromagnétisme sont maintenant des sciences bien établies, expérimentalement tout au moins. L'astrophysique moderne débute grâce à l'apparition de nouvelles techniques d'observation : la photographie (les premiers daguerréotypes du Soleil datent de 1845) et surtout la spectroscopie qui permet la mesure des raies d'un spectre et leur attribution à un élément par comparaison aux données de laboratoire. L'effet Doppler a été découvert en 1842, mais la structure de l'atome est encore inconnue au moment où Young écrit son livre. C'est à partir de 1895, avec la découverte des rayons X, puis de la radioactivité, que commencera la série de grandes découvertes expérimentales et théoriques du début du XXe siècle, comme celle de la radioactivité dont les conséquences, avec Hiroshima et Tchernobyl, auront plus que marqué ce siècle.

Lumière et chaleur du Soleil. — L'estimation de la quantité d'énergie rayonnée par le Soleil nécessite d'abord une mesure aussi précise que possible de l'énergie reçue à la Terre. Il faut pour cela estimer la contribution des rayons lumineux et celle des « rayons thermaux » (l'infrarouge) qui sont « des vibrations trop lentes pour être vues ». L'intensité de la lumière du

Soleil est estimée, dès le XVIIIe siècle, par comparaison, en projection sur l' écran d'une chambre obscure, à celle d'une bougie : « Le Soleil au zénith éclairerait une surface blanche 60 000 fois autant qu'une bougie type placée à une distance de 1 m. » La bougie, unité de photométrie, est « la quantité de lumière donnée par une bougie de blanc de baleine pesant 1/6 de livre et brûlant 120 grains [environ 8 g] par heure ». Des expériences permettent aussi de comparer l'éclat du Soleil à celui d'un arc électrique ou d'un convertisseur Bessemer, sources les plus intenses de l'époque : « La lumière solaire parut 5 300 fois plus brillante que l'éclat éblouissant du métal incandescent. »

La chaleur solaire, quant à elle, est mesurée à l'aide d'appareils proches du calorimètre : « Il est possible d'intercepter un rayon de Soleil de dimensions connues, et de le forcer à céder son énergie rayonnante à une masse pesée d'eau ou de toute autre substance, pour mesurer exactement l'élévation de température produite dans un temps donné. » On conclut ainsi que : « La quantité de chaleur reçue sur la surface de la Terre, avec le Soleil au zénith, fondrait un pouce de glace en 2 heures 13 minutes environ. » Corrections faites pour l'absorption atmosphérique on peut calculer la « constante solaire » qui, rappelons-le ici, est l'énergie totale reçue du Soleil hors atmosphère, à une unité astronomique et par mètre carré perpendiculaire à la direction du Soleil. Young donne des valeurs qui ne sont surestimées que de 25 % par rapport aux mesures, définitives grâce aux satellites, dont nous disposons aujourd'hui. En ce qui concerne les variations du rayonnement solaire total, détectées 100 ans plus tard comme nous l'avons vu au chapitre VII, C. A. Young est très clair : « Que ces variations existent, c'est ce qui est presque certain, puisque les noyaux des taches du Soleil rayonnent beaucoup moins de chaleur et de lumière que les régions voisines de la surface solaire, et les facules davantage [...]. La somme totale des variations dans la quantité totale de chaleur a, cependant, été trop petite pour être mesurée avec nos instruments actuels. »

La température du Soleil. — Déduire de la constante solaire la température du Soleil (nous avons donné la définition actuelle de la température effective au chapitre II) pose un problème car, dit Young : « La difficulté consiste dans notre ignorance des lois qui unissent la température d'une surface avec la quantité de chaleur rayonnée par seconde. » Certains utilisent une loi proportionnelle mais, constate Young, « dès que la température s'élève un peu [...] la quantité de chaleur rayonnée augmente bien plus vite que la température [...]. Rosetti a déduit une loi différente de rayonnement, et par son application il trouve 10 000° centigrade pour la température effective ». Cela reste une estimation honorable. En fait, en 1879, J. Stefan avait montré que la puissance totale émise par un corps noir varie comme la puissance quatre de la température : à un facteur 10 sur la température correspond un facteur 10 000 sur la puissance.

La température réelle de l'atmosphère solaire, qui nécessite d'en connaître la physique était sujet de polémiques : « Il y a eu beaucoup de discussions assez vigoureuses sur la température, et la difficulté de ce sujet est assez évidente par le grand désaccord entre les évaluations des plus hautes autorités. Par exemple, Secchi a autrefois soutenu qu'il existait une température d'environ 10 000 000° (quoique plus tard il ait diminué cette estimation jusqu'à environ 140 000°). » D'autres auteurs, à l'époque, ont des estimations allant de 1 600° à 2 800 000°. C. A. Young pense d'ailleurs « qu'il peut y avoir une différence de plusieurs milliers de degrés entre la température à la surface supérieure de la photosphère et celle au centre du Soleil ». On sait aujourd'hui que cette différence dépasse 10 millions de degrés. Il convient de mentionner cependant le travail de J. H. Lane en 1870 qui, calculant un modèle de Soleil entièrement gazeux, trouvait 10 millions de degrés au centre de l'astre. Ses hypothèses, pourtant, ne semblaient pas alors acceptables et elles ne furent confirmées, de même que l'ordre de grandeur de la température centrale, que par Eddington en 1924[1].

La source de l'énergie solaire.

« Comment une telle chaleur se maintient-elle ? Combien de temps a-t-elle duré déjà ? Combien de temps doit-elle encore continuer ? Y a-t-il quelque signe soit d'augmentation, soit de diminutions ? Questions auxquelles, dans l'état actuel de la science, nous ne pouvons faire que des réponses vagues et peu satisfaisantes. » Il n'y a pas eu de « changements progressifs dans la quantité de chaleur solaire depuis le commencement de l'histoire authentique » car « la vigne et l'olivier poussent justement où ils le faisaient à l'époque classique, et la même chose est vraie des céréales et des arbres de nos forêts. Dans le passé plus reculé, il y a eu sans doute de grands changements dans la température de la Terre [...] — époques carbonifères, où la température était tropicale dans les régions presque arctiques, et périodes glaciaires où nos propres zones tempérées étaient enveloppées d'une couche de glace, comme le nord Groenland l'est à présent. Il n'est pas encore certain qu'ils doivent être attribués à des changements dans la quantité de chaleur émise par le Soleil, ou à des changements dans la Terre elle-même ou dans son orbite ».

Cela permet d'éliminer d'emblée l'hypothèse d'une combustion chimique car « même si le Soleil était fait de charbon massif brûlant dans l'oxygène pur, il ne pourrait durer qu'environ 6 000 ans ». Deux autres hypothèses ont été proposées : l'une attribue la chaleur solaire à la chute des météorites, l'autre à la contraction du Soleil. C. A. Young les juge « probablement vraies toutes les deux jusqu'à un certain point ». Un calcul de W. Thomson (Lord Kelvin) montre qu'un centième de la masse de la Terre tombant annuellement sur la surface solaire maintiendrait indéfiniment son rayonne-

1. Taton, *op. cit.*, p. 156-157.

ment par dissipation de l'énergie cinétique de la matière météoritique. « La question est de savoir si une telle quantité de matière peut être supposée arriver au Soleil [...]. Cela semble très improbable. » D'une part, la Terre en rencontrerait beaucoup plus qu'elle ne le fait, d'autre part cette masse proche du Soleil perturberait les mouvements de la planète Mercure.

Proposant la seconde hypothèse, celle d'une contraction lente du soleil, Helmholtz a montré qu'une contraction du diamètre solaire d'environ 76 m par an expliquerait son émission totale annuelle :

> Il faudrait 9 500 ans pour réduire le diamètre d'une seconde d'arc [...] et rien de moins ne serait certainement appréciable [...]. Nous n'en savons pas assez sur la quantité de matière solide et liquide qui est à présent dans le Soleil, ou sur la nature de cette matière, pour calculer avec grande exactitude la durée future du Soleil, quoiqu'il soit possible d'en faire une estimation approchée [...]. Si le Soleil continue son rayonnement actuel, il sera réduit à la moitié de son diamètre actuel dans environ 5 000 000 d'années au plus tard [...]. Il n'est guère probable que le Soleil puisse continuer à donner assez de chaleur pour maintenir la vie sur terre pendant 10 000 000 d'années à partir du moment actuel [...]. Si l'hypothèse est vraie, comme elle l'est probablement en somme, nous sommes enfermés dans la conclusion que la vie totale du système solaire, depuis sa naissance jusqu'à sa mort, est comprise dans une trentaine de millions d'années [...]. Il n'est pas non plus tout à fait sûr de supposer qu'il ne puisse pas y avoir de moyens dont nous n'avons encore aucune conception, par lesquels l'énergie apparemment perdue dans l'espace puisse être rendue et les soleils brûlés et les systèmes épuisés rétablis.

La structure du Soleil. — La figure 19, extraite du livre de C. A. Young, présente une coupe du Soleil. Au « noyau central » (qui correspond à ce que nous appelons aujourd'hui l'intérieur) est superposé, pour donner l'échelle, un demi-cercle en pointillés qui représente l'orbite lunaire, la Lune elle-même étant de la taille de l'un des petits traits. Ce « noyau » est entouré par la photosphère brillante, que l'auteur a volontairement fait dessiner irrégulière. Au-dessus de la photosphère se situe la « couche renversante », dont nous reparlerons plus loin et la chromosphère figurée ici par ses protubérances « et au-dessus et embrassant le tout, se trouve l'atmosphère coronale et l'éclat mystérieux des nuages [...] se fondant graduellement dans l'obscurité extérieure ».

Plus que dans le reste de l'ouvrage, Young défend vigoureusement dans le dernier chapitre la thèse d'un « noyau » entièrement formé de gaz incandescent. Les défenseurs de cette idée s'opposent à « ceux qui ne veulent pas admettre une augmentation suffisante de température avec la profondeur croissante au-dessous de la

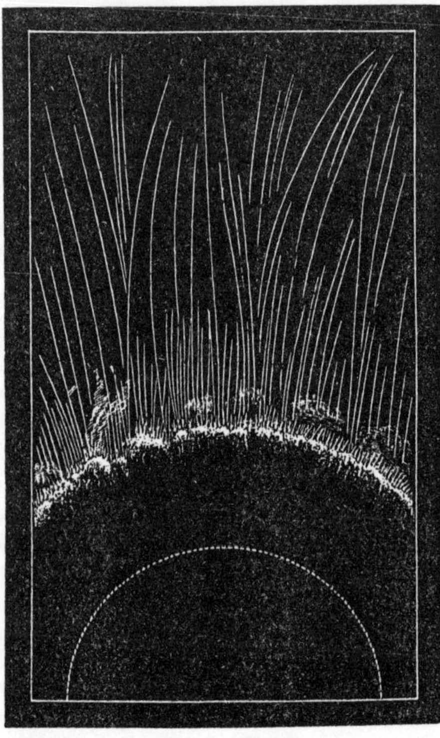

Fig. 19. — Structure du Soleil selon C. A. Young

surface solaire et ont été disposés à soutenir que les portions centrales du Soleil ne sont pas composées, en grande mesure, des mêmes éléments [...] que l'atmosphère solaire, mais de quelque substance solide ou liquide différente et inconnue, d'une grande rigidité et d'une faible densité ». L'auteur constate que « tandis qu'il n'est peut-être pas possible de démontrer à présent la fausseté de cette théorie, en prouvant que le noyau solaire n'est ni solide ni liquide, et en montrant que la chaleur solaire n'est pas limitée à la surface, [...] il est cependant évident qu'on ne répond à la question qu'en faisant intervenir des substances et des opérations inconnues et imaginaires. D'un autre côté la théorie gazeuse, qui est maintenant généralement adoptée, ne suppose aucune espèce de matière, aucune force inconnue, mais conçoit les phénomènes solaires comme entièrement de même espèce que ceux avec lesquels nous sommes familiers dans nos laboratoires, quoique immensément différents en degré et en intensité ».

La constitution de la photosphère semble faire presque l'unanimité parmi les astronomes de l'époque :

> Un petit nombre, il est vrai, tiennent encore à l'idée que la surface visible est une nappe liquide ; mais [...] il semble presque impossible de douter que la photosphère soit une enveloppe de nuages [...]. L'idée la plus commune, en apparence, c'est que les nuages sont formés surtout par la condensation des substances qui sont les plus remarquables dans le spectre solaire, telles que le fer et les autres métaux [...]. Ces nuages flotteraient dans une atmosphère saturée des vapeurs dont ils sont formés [...]. D'un autre côté, les gaz permanents, comme l'hydrogène — ceux qui ne sont pas sujets à condensation sous forme liquide dans les conditions solaires —, s'élèveraient à de plus grandes hauteurs que les autres et formeraient au-dessus de la photosphère une chromosphère comme celle que nous observons.

Les nuages de la photosphère, formés de gouttelettes liquides, émettent un rayonnement brillant, les irrégularités des nuages expliquant la granulation, connue à l'époque. Pour expliquer les raies d'absorption du spectre photosphérique, il est fait appel à « une couche renversante » : « A la surface supérieure de la photosphère, les gaz raréfiés sont foncés en comparaison des gouttelettes et des cristaux qui composent les nuages photosphériques [...] [car] ici la pression et la température sont abaissées. » Cela permet d'expliquer à la fois les raies sombres du spectre et, lorsque, durant une éclipse, la photosphère est vue au bord, sur le fond du ciel, les raies identiques en longueur d'onde, mais cette fois observées en émission. Notons que C. A. Young lui-même avait, durant l'éclipse de 1870, obtenu un spectre de ces raies brillantes et mesuré la position et la faible épaisseur de cette région.

Ouvrons ici une parenthèse : la notion de « couche renversante » a longtemps figuré dans les livres de vulgarisation, ayant été jugée pédagogique, bien que fausse, par certains astronomes jusqu'au-delà des années 60. Pour éviter toute confusion dans l'esprit du lecteur, il convient de préciser que cette région spécifique n'existe pas. Et nous citerons, à cet égard, J.-C. Pecker[1] : « Partout les atomes se désexcitent, les ions se recombinent, et la lumière est produite ; partout les atomes s'excitent et les ions s'ionisent. L'absorption et l'émission ont lieu partout et tout le temps. » Précisons aussi que les spectres d'éclipse, permettant la mesure de l'altitude du maximum de chaque raie, ont joué un très grand rôle dans la modélisation moyenne de l'atmosphère solaire.

La chromosphère, caractérisée par sa couleur rouge due à l'émission de la raie Hα, avait été observée durant les éclipses de 1706 et de 1715. Les protubérances solaires l'avaient été durant l'éclipse de 1733. Les protubérances sont redécouvertes en 1842 :

Les uns y virent des montagnes sur le Soleil, les autres des flammes solaires, d'autres enfin des nuages qui flottaient dans

1. *Sous l'étoile Soleil,* Fayard, 1984, p. 298.

l'atmosphère solaire. D'autres les attribuèrent à la Lune, et d'autres encore prétendirent que c'étaient des illusions optiques [...]. Lors de l'éclipse de 1860, la photographie servit pour la première fois avec quelque succès. Les résultats de Secchi et de M. de La Rue firent disparaître tous les doutes qui restaient sur l'existence réelle et le caractère solaire des objets en question.

Grâce à l'invention du spectroscope, les observations de l'éclipse de 1868 démontrèrent « d'une manière complète que les protubérances sont d'énormes masses de matières gazeuses portées à une température élevée, et que leur élément principal est l'hydrogène ».

Un travail important à cette époque est l'identification des raies chromosphériques par comparaison aux raies sombres de la photosphère et aux spectres de laboratoire. Là se situe l'une des grandes découvertes de la physique solaire : celle de l'hélium, « métal hypothétique qui donne, dit C. A. Young, dans le spectre de la chromosphère une raie d'un jaune intense ». Elle avait été d'abord attribuée au sodium, mais Janssen montra, à la suite de l'éclipse de 1868, qu'on devait envisager un autre élément. Dans un tableau donnant les principales raies chromosphériques — les longueurs d'onde sont dans l'échelle d'Angström —, C. A. Young indique : « 5874.9 D3 Elément inconnu : — "helium" de Frankland ». C'est effectivement un élément simple nouveau qui avait été découvert. L'hélium ne sera isolé en laboratoire que vingt-cinq ans plus tard.

La couronne est aussi, bien sûr, étudiée par les astronomes, relativement nombreux, et les amateurs observant les éclipses au XIXe siècle (fig. 20) :

Une des premières questions qui se présente par rapport à la couronne se rapporte à sa place : est-ce un phénomène du Soleil, de la Lune ou de notre propre atmosphère, ou est-ce peut-être un simple effet optique, comme un arc-en-ciel ou un halo ? La question fut résolue en 1869 par les observations du Pr Harkness et les miennes ; nous découvrîmes, indépendamment l'un de l'autre, que le spectre de la couronne est caractérisé par une raie brillante dans le vert, « la raie 1474 » [...]. L'existence de cette raie bril-

Fig. 20. — Couronne de 1860 (Tempel)

lante démontre la présence, dans la couronne, d'un gaz incandescent, et ce gaz naturellement ne peut se trouver que dans les environs du Soleil [...]. [Par ailleurs] des photographies prises [en 1871], à des stations éloignées de plusieurs centaines de milles, dans l'Inde et à Ceylan, montrèrent exactement les mêmes détails dans la forme et la structure de la couronne.

La raie découverte par W. Harkness et C. A. Young est la raie verte à 530 nanomètres. Dans le tableau de Young déjà cité au sujet de l'hélium on trouve la ligne : « 5315.9 Raie en forme de couronne, élément inconnu ».

D'abord attribuée à un élément imaginaire, le « coronarium », cette raie sera, soixante-treize ans plus tard, reconnue comme provenant du Fer XIV, atome de fer treize fois ionisé, par Edlén en 1942. L'identification des raies coronales démontrait que la couronne avait une température de plusieurs millions de degrés.

Outre ses raies brillantes, la couronne a aussi un faible spectre continu et dans ce spectre MM. Janssen et Barker ont observé quelques-unes des principales raies *sombres* du spectre solaire [...]. Ce fait prouve nécessairement que, tandis que la couronne peut se composer en grande partie de gaz brillant, comme l'indiquent les raies brillantes de son spectre, elle contient aussi une grande quantité de matière en état de réfléchir la lumière du Soleil — matière probablement sous forme de poussière et de brouillard.

Les taches solaires. — En dehors des éclipses dont nous avons vu l'importance, les astrophysiciens solaires disposent, à la fin du XIXe siècle, de deux types d'observations : les images en lumière blanche et la spectroscopie. Les taches solaires sont observées en lumière blanche depuis trois siècles et les lois de leur rotation et de leur distribution ainsi que leur périodicité de onze ans sont connues.

Les recherches faites par Carrington de 1853 à 1861 ont pour la première fois mis clairement en lumière le fait que, rigoureusement parlant, l'ensemble du Soleil n'a pas de période de rotation unique, mais que différentes portions de sa surface accomplissent leurs révolution en des temps différents [...]. Les régions équatoriales achèvent leur rotation totale en un temps plus court [...]. La cause de ce mouvement particulier de surface n'est pas encore connue. John Herschel était disposé à l'attribuer à l'impulsion de matières météoritiques venant frapper la surface solaire surtout dans le voisinage de l'équateur, en accélérant continuellement la rotation, comme un sabot d'écolier reçoit l'impulsion du fouet dont l'enfant se sert habilement [...]. Il est plus probable que l'accélération équatoriale se rattache de façon ou d'autre à l'échange de matières qui, si la plus grande partie du soleil est gazeuse, [...] doit constamment s'effectuer entre l'intérieur et l'extérieur du globe [...].

Les taches du soleil ne sont pas réparties sur la surface du Soleil avec la moindre uniformité. Elles se présentent surtout en deux zones de chaque côté de l'équateur, et entre les latitudes de 10° et 30° [...]. Les observations de Spoerer [indiquent qu'] en 1866, années de minimum de taches, il n'y en a eu en tout que 94, et de ce nombre toutes, sauf 2, étaient situées à moins de 17° de l'équateur [...]. On a remarqué de très bonne heure que le nombre des taches du Soleil est très variable, mais la découverte de la périodicité régulière de leur nombre date de 1851, année où Schwabe, de Dessau, publia pour la première fois le résultat de vingt-cinq ans d'observations [...]. Il n'y a pas dans la physique solaire de question plus intéressante ou plus importante que celle qui a rapport à la cause de cette périodicité ; mais on n'y a pas encore trouvé de solution satisfaisante. Quelques astronomes des plus autorisés ont supposé qu'elle était due en partie à l'influence des planètes. Jupiter, Vénus et Mercure ont surtout été soupçonnés de complicité dans l'affaire, le premier en raison de son énorme masse, les deux autres à cause de leur voisinage. On a beaucoup de peine à comprendre comment les planètes, qui sont si petites et si éloignées, peuvent produire sur le Soleil des troubles si profonds et si étendus. Il est à peine possible que ce soit la gravitation qui agisse ; [...] cette action doit être d'une influence différente et bien plus subtile.

Plusieurs astronomes semblent avoir adopté une idée qui, à ce que nous croyons, a été émise pour la première fois par Sir John Herschel, à savoir que les taches sont dues à la chute de météores sur le Soleil. D'après cela, la périodicité des taches s'expliquerait simplement en supposant que les météores se meuvent en décrivant une orbite très allongée, dont la période serait de 11,1 ans, en y ajoutant cette hypothèse supplémentaire que dans une partie de l'orbite ils forment un groupe très dense, tandis que dans les autres parties ils sont dispersés. Cette orbite météoritique devrait être située dans le voisinage du plan de l'équateur solaire et avoir son aphélie près de l'orbite de Saturne. On peut dire ici qu'il paraît très difficile d'expliquer, au moyen de cette hypothèse, les dimensions énormes et la persistance de nombreux groupes de taches, et la distribution de ces taches sur la surface solaire en deux zones parallèles, avec un minimum à l'équateur. En somme, il semble un peu plus probable que la périodicité réside dans le Soleil lui-même, et qu'elle ne dépend pas de causes extérieures, mais de la constitution de la photosphère et de la vitesse avec laquelle le Soleil perd sa chaleur.

Les éruptions. — La première éruption solaire a été observée le 1er septembre 1859. Elle fut observée séparément par « deux observateurs bien connus et dignes de foi, MM. Carrington et Hodgson », alors qu'ils dessinaient des taches. Observée en lumière blanche, c'est, dit C. A. Young, « un phénomène du caractère le plus surprenant et le plus étrange » :

« Ils virent au même instant deux objets lumineux ayant à peu près la forme de deux nouvelles lunes, chacune d'environ 8 000 milles de long et 2 000 milles de large, et à peu près de 12 000 milles l'un de l'autre. Ces objets apparurent brusquement sur le bord d'une grande tache du Soleil, d'un éclat au moins cinq à six fois plus éblouissant que les parties voisines de la photosphère, et marchèrent vers l'est sur des lignes parallèles en diminuant et en pâlissant peu à peu, puis disparurent au bout de cinq minutes environ après avoir parcouru à peu près 36 000 milles. Leur passage ne parut nullement changer la configuration de la tache qu'ils parcouraient » [...]. Le fait a donné lieu à bien des explications différentes. Les uns ont soutenu que le phénomène était simplement dû à la chute de deux immenses météores dans l'atmosphère du Soleil, d'autres ont dit qu'il était causé par une brusque éruption, partie de dessous, comme le spectroscope nous le révèle souvent de nos jours ; mais il faudrait que cette éruption eût un éclat et une violence peu ordinaires, car aucune éruption observée depuis au spectroscope n'a jamais été visible sans cet instrument. Un grand orage magnétique et une brillante aurore boréale suivirent cet événement la nuit même, et furent peut-être causés par lui.

Parlant plus généralement de l'activité géomagnétique, C. A. Young écrit :

En 1850, Lamont, de Munich, appela l'attention sur ce fait que les mouvements diurnes moyens de l'aiguille aimantée ont une période, qu'il fixait à 10 années 1/3, d'après le petit nombre de décades qu'il avait eues à sa disposition pour observer [...]. Aussitôt que Schwabe annonça sa découverte de la périodicité des taches solaires, Sabine en Angleterre, Gautier en France et Wolf en Suisse, ensemble et indépendamment les uns des autres, remarquèrent la coïncidence entre les maxima de taches et ceux des oscillations magnétiques [...]. Si on compare les observations des aurores avec celles des taches solaires, comme Loomis l'a fait avec beaucoup de soin et d'attention, on découvre un parallélisme presque parfait entre les courbes de fréquence des aurores et des taches solaires. Il est difficile d'imaginer une théorie satisfaisante pour expliquer cet effet des troubles solaires sur notre magnétisme terrestre. Le rapport peut à peine s'établir par la température, car l'influence des taches à cet égard est si faible qu'on ne sait pas encore si nous recevons du Soleil plus ou moins de la quantité moyenne de chaleur pendant un maximum de taches solaires. Le rapport magnétique est probablement plus immédiat et plus direct; il est peut-être de même nature que l'action qui repousse la matière de la queue d'une comète, et prouve que d'autres forces que la gravitation agissent dans l'espace interplanétaire.

CONCLUSION

Lorsqu'il lit, à la fin de l'ouvrage de Young, la liste des « problèmes les plus importants et les plus fondamentaux de la physique solaire qui se pressent pour être résolus » : loi particulière de rotation de la surface du Soleil, explication de la périodicité des taches et de leur distribution, détermination des variations de la quantité du rayonnement solaire en différents temps, problème de la couronne et des protubérances et rapport entre le magnétisme terrestre et la condition de la surface solaire, le physicien solaire contemporain reconnaît sans peine des sujets d'études tout à fait d'actualité. Bien sûr le contenu des questions a changé. De nombreux points ont été éclaircis mais, au fur et à mesure des progrès théoriques ou observationnels, d'autres questions apparaissent, plus fines, plus précises et, du moins on l'espère, plus proches de la réalité du monde.

Le lecteur aura sans doute été frappé par la finesse et la clairvoyance des analyses d'un Descartes, d'un Fontenelle ou d'un Young, dans le cadre des concepts dont ils disposaient. Mais faut-il s'en étonner ? L'art et la littérature nous apprennent que les capacités intellectuelles de l'homme ont toujours été au niveau où elles sont aujourd'hui. On peut donc prétendre que seul le caractère cumulatif de la science et l'amélioration des outils disponibles expliquent l'efficacité du processus de la connaissance scientifique. D'ailleurs l'ethnologie confirme, comme le croyait Descartes, que la raison est la chose du monde la mieux partagée. Et nous pouvons même extrapoler au plus lointain passé comme le fait Claude Lévi-Strauss[1] :

> Pour transformer une herbe folle en plante cultivée, une bête sauvage en animal domestique [...], pour faire d'une argile instable, prompte à s'effriter, à se pulvériser ou à se fendre, une poterie solide et étanche [...], il a fallu, n'en doutons pas, une attitude d'esprit véritablement scientifique, une curiosité assidue et toujours en éveil, un appétit de connaître pour le plaisir de connaître, car une petite fraction seulement des observations et des expériences [...] pouvaient donner des résultats pratiques, et immédiatement utilisables.

A quoi tient ce désir de connaître ? Alors que j'écris les dernières lignes de ce petit livre, *Le Monde* du 29 mai 1993 publie, dans un entrefilet anodin, l'annonce attendue d'une grande découverte. La sonde interplanétaire *Voyager-1,* croisant à 7,8 milliards de kilomètres du Soleil, vient de détecter, un tiers au-delà de l'orbite de Pluton, la terminaison du système solaire, endroit où le vent solaire, dilué, cesse sous la pression du gaz interstellaire. Pendant ce temps une autre sonde, *Ulysse,* a quitté, pour la première fois, le plan de l'écliptique pour explorer la troisième dimension de notre système solaire. Comme le chat qui, rentrant de voyage, parcourt systématiquement les pièces de la maison, l'homme tente, avec l'astronomie, de répondre déjà à cette simple question : où suis-je ?

1. *La pensée sauvage,* Paris, Plon, 1962, p. 23.

BIBLIOGRAPHIE

Audouze (J.), Vauclair (S.), *L'astrophysique nucléaire,* Paris, PUF, « Que sais-je ? », 1981.

Brahic (A.), *Les comètes,* Paris, PUF, « Que sais-je ? », 1993.

Capdevielle (J. N.), *Les rayons cosmiques,* Paris, PUF, « Que sais-je ? », 1984.

Iqbal (M.), *An Introduction to Solar Radiation,* Toronto, Academic Press, 1983.

Legrand (J.-P.), Le Goff (M.), Mazaudier (C.), Schröder (W.), L'activité solaire et l'activité aurorale au XVIIe siècle, *La Vie des Sciences,* comptes rendus, série générale, t. 8, 1991, n° 3, p. 181-219.

Pecker (J.-C.), *Sous l'étoile Soleil,* Paris, Fayard, 1984.

Pecker (J.-C.), *L'avenir du Soleil,* Paris, Hachette, 1990.

Phillips (K. J. H.), *Guide to the Sun,* Cambridge, Cambridge University Press, 1993.

Wentzel (D. G.), *The Restless Sun,* Washington DC, Smithsonian Institution Press, 1989.

Et pour ceux que les équations ne rebutent pas :

Stix (M.), *The Sun,* Heidelberg, Springer-Verlag, 1989.

*
* *

L'origine des figures est la suivante : fig. 2 : M. Iqbal ; Academic Press, 1983 ; fig. 3 : *Acta Astronomica Sinica* ; fig. 4 : M. Minnaert, G. F. W. Mulders et I. Houtgast, 1940 ; fig. 5 : E. Fossat, 1990 ; fig. 8 : R. Berton et T. Sakurai, in *Solar Physics,* Kluwer Academic Publishers, 1985 ; fig. 9 : P. Lantos et C. E. Alissandrakis, Pergamon Press, 1992 ; fig. 10 : M. L. Loucif et S. Koutchmy, in *Astronomy and Astrophysics,* Springer-Verlag, 1989 ; fig. 11 : R. Schwenn, Pergamon Press, 1981 ; fig. 12 : G. Noci, 1978 ; fig. 13 : P. Lantos, P. Cugnon, A. Koeckelenbergh, 1992 ; fig. 15 : J. T. Hoeksema, 1984 ; fig. 17 : K. L. Klein, 1992. La figure 6 et les tableaux I et II sont repris de l'article « Soleil » de l'auteur dans l'*Encyclopedia Universalis.* Ces derniers ont été remis à jour d'après un article de J. Bahcall paru dans *Pour la Science,* 1990. Le chapitre X est en grande partie repris d'un article de l'auteur paru dans *Ciel et Espace* en 1990.

TABLE DES MATIÈRES

Imprimé en France
Imprimerie des Presses Universitaires de France
73, avenue Ronsard, 41100 Vendôme
Mars 1994 — N° 39 911